U0291510

ALVAR AALTO

阿尔瓦·阿尔托全集

（第3卷：方案与最后的建筑）

[瑞士] 卡尔·弗雷格　　[芬兰] 爱丽莎·阿尔托　编

王又佳　金秋野　译

江苏凤凰科学技术出版社

图书在版编目（CIP）数据

阿尔瓦·阿尔托全集. 第3卷，方案与最后的建筑 / （瑞士）卡尔·弗雷格，（芬）爱丽莎·阿尔托编；王又佳，金秋野译. —— 南京：江苏凤凰科学技术出版社，2018.6

ISBN 978-7-5537-9232-3

Ⅰ. ①阿… Ⅱ. ①卡… ②爱… ③王… ④金… Ⅲ. ①建筑设计－作品集－芬兰－现代 Ⅳ. ①TU206

中国版本图书馆CIP数据核字(2018)第103442号

江苏省版权局著作权合同登记章字：10-2017-397 号

本项目由"北京未来城市设计高精尖创新中心——城市设计理论方法体系研究"资助，项目编号 UDC2016010100

阿尔瓦·阿尔托全集（第3卷：方案与最后的建筑）

编　　　者	[瑞士] 卡尔·弗雷格　　[芬兰] 爱丽莎·阿尔托
译　　　者	王又佳　金秋野
项 目 策 划	凤凰空间 / 李文恒
责 任 编 辑	刘屹立　赵　研
特 约 编 辑	李文恒

出 版 发 行	江苏凤凰科学技术出版社
出版社地址	南京市湖南路1号A楼，邮编：210009
出版社网址	http://www.pspress.cn
总 经 销	天津凤凰空间文化传媒有限公司
总经销网址	http://www.ifengspace.cn
印　　　刷	广东省博罗县园洲勤达印务有限公司

开　　　本	710 mm×1 000 mm　1 / 12
印　　　张	19
字　　　数	137 000
版　　　次	2018年6月第1版
印　　　次	2018年6月第1次印刷

标 准 书 号	ISBN 978-7-5537-9232-3
定　　　价	248.00元（精）

图书如有印装质量问题，可随时向销售部调换（电话：022-87893668）。

阿尔瓦·阿尔托（1898—1976）

1928 年

1933 年

1937 年

1940 年

1948 年

1958 年

1959 年

1959 年

1960 年

1964 年

1972 年

1969 年

前　言

这是献给阿尔瓦·阿尔托的第三卷，也是最后一卷作品集。

阿尔托是第一次世界大战以后致力于创造更好的世界的那代建筑师中的一员。同时这一代建筑师还担负着为自己的国家——芬兰——宣布独立之后的发展贡献力量的任务。这两件事决定了阿尔托一生的工作轨迹。

建筑学对于阿尔托来说是一个媒介，通过建筑他可以表达自己对整个生活的体验。"建筑是为人服务的"是他不断反复重申的宗旨之一。而"我们最大的课题即是发掘适合我们时代的形式，这不仅仅表现在建筑领域中，在生活的所有方面都是如此"。

令人震惊的是在阿尔托的每一个作品中都表现出如此富于生机的智慧以及对人类天性如此深邃的领悟。当他说"在每个结构上我都写下了数十卷的哲学"的时候，人们会相信他。阿尔托感受着他所建造的一切建筑。作为一名建筑师，对于他来说这不仅仅是一个职业，还是一份使命。建筑师必须致力于完整，并将生活看作一个整体，生活的每个时刻都会给予他一些东西，他可以加以利用，并在他的每一个建筑中表现出来，传达给他的追随者。

正是因为阿尔托自己是在寻求一种完整的生活，他将所有的建筑都看作是统一的整体，因此他眼中的建筑学包括一切事情，从大的都市到最小的建筑附件。阿尔托将触及人类生活的一切事情，每个方面都看作是建筑师的职责。他思考过每件事情以获得他所说的完全综合。

在 25 年当中，我有幸在他的公司度过了无数的时光，在工作中、旅行中或是共饮期间他从未谈及过建筑理论。仅仅对生活的观察可以打动他。他是一个健谈者，他的铅笔在任何地方都是处于活动之中，甚至会出现在桌布上，通过铅笔他会试图将所有的事物赋予"形式"。那些他用于自己建筑工程中的知识都来自于他的生活，来自直接的现实。他与乌托邦毫无关系，他对于未来的信念是基于他对人类及其潜能的认识。

我恰好参与了这套全集第 1 卷的出版工作，这是一次偶然的机会而不是刻意为之。这一切开始于 1955 年的赫尔辛基，当时我本人仍在阿尔托的事务所中工作。在那时，我没有想到第 1 卷的出版会经过将近 10 年的时间。这是一个很长的故事，有着许多复杂的因素，而且我必须经常周旋于阿尔托和出版商汉斯·格斯伯格（Hans Girsberger）之间，或者只是等待。在这件事以后，在我来看阿尔托似乎反对将自己的作品作为一种收集成册的版本来发表。他不想要集成，他要建造，他不想将自己的作品看成一种完成的东西。"……在这里我不是要出版，我是要建造"这是他经常提及的。

他仅将第 2 卷（1963—1970 年）看作是自己所要担负的责任，为此尽全利支持。

他认为 GTA 出版社在苏黎世（Zurich）的瑞士联邦理工学院出版的"概要卷"与其说是严格意义上的出版物，不如说是一本更加职业化的书。他本人倡导这个版本。

第三卷现在面世了，阿尔托作品全集的出版工作已经完成，不幸的是它的筹备工作少了阿尔托的参与。伴随着各个工程和项目主线出现的文字一部分来自阿尔托为竞赛准备的文字，一部分来自他在早期学术期刊中出版和自己日常写下的评论文字。这一卷不仅仅展现了最后的作品，还包括早些年间的一些作品，没有它们完整的作品全集将无法完成。可以确定地说，在作品全集第 1 卷的编撰工作期间，阿尔托本人虽然并不总是有明确的原因，但却总在反对它们的出版。或许现在他会原谅我们冒昧地将这些项目呈现给有鉴赏力的公众。

所有的这些出版工作如果没有爱丽莎·阿尔托夫人的有力协助就不会实现。她在任何情况下都是强有力的推动着，她一直在幕后推进着工作。

总之，我要感谢所有给予过帮助的人，因为有了他们，现在的工作才可能完成。首先要感谢汉斯·格斯伯格，不仅因为阿尔托作品全集第 1 卷的出版为以后几卷的出版提供了可操作的方法，而且他还以极大的勇气，在很早的时候就通过他的出版物向普通大众宣传现代建筑学。

布鲁诺·马瑞切尔（Bruno Mariacher）是阿耳特弥斯（Artemis）出版社的建筑出版人，在这项工作中他从头至尾都倾注了大量精力，没有他对阿尔托建筑的热情，完成现在作品全集的出版是不可能的。

我还要感谢许许多多的人，在不同的方面给予的热情帮助。将他们无一遗漏地一一列举，从实施角度来看是不可能的。在这里不仅我要感谢阿尔托所有的合作者以及他事务所中全部的助手，阿尔托本人也很清楚如果没有他的合作者们毫无保留的投入，他一生的作品将不会实现。

在生命的最后两年中，阿尔托试图表述一些回忆和轶事。以下收录的内容（粗略的梗概）仅仅是一系列文章的开始，其出发点是撰写一部展现自己雄心壮志的作品。这些文章原本的标题有：《人类的错误》《纠正人类错误的可能性》《技术性的错误》《纠正技术性错误的可能性》《在整个综合体中人类的弹性》。

人类的错误

我们现在仅仅是在技术事故的范畴中来理解"人类的错误"（人类的失败）这个概念。例如由于机车驾驶员的疲劳，机车在关键的时刻无法启动。在所有的事故调查中，结论总是在人类的失败和技术性错误之间徘徊。

然而"人类的错误"从根本上来说并不是一个简单的问题。至少在一定的情景下来理解的时候，它是世界上最古老的概念之一。可以追溯到几千年以前，在古老的宗教中，也总是在思考什么是"人类的错误"。

在基督教中这个问题几乎以其最清晰的面貌展现在我的面前。

"人类的错误"并没有出现在今天的技术术语中，但是人类的弱点（也可以称之为过失）却是关于人类生存问题的讨论的基本理念。现在众所周知的"人类的错误"只不过是一种幼稚的说法，用以表达整个人类的悲剧。

在我们这个时代，在所谓的估算和预报的帮助下，进行了许多努力以达到完全确定的未来。

这样一种或许可以称之为摆脱人类错误的系统是不可能的。相反，人类的错误在任何地方，任何形式都是人类生活的一部分。

在绝对精确的估算中有着与以往根据信念与感觉所建立的体系中同样多的人类错误。因此，重视人类的错误在现在与以往都是同等重要的。我们不可能通过百分比来表达在我们目前的项目中有多大比重的人类错误，要说出这个错误与以往相比是大或是小也几乎是不可能的。

因为这个原因，我们必须极其谨慎：精确的估算虽然并不比信念和梦想更加确定，但是我们必须通过更精确的分析来预防人类错误的有害影响。

纠正一个人类的错误并不是一项简单的工作，因为人类的错误显然会表现出一种不容规避的持续现象。

纠正技术性错误即便需要花费一定的时间，也会相对容易，它只持续了较短的时间，因此也就更容易在一定的时间内被改变。

从另一方面来说，人类的错误或许表现了一种绝对的、持续的现象，如果我们只是改变它的影响，那么对于它的纠正是不会成功的。

在多数的宗教中，并没有试图消除人类的错误，甚或纠正它，但是宗教却可以发现意义从而容忍错误，就像一个好的园丁在工作中将错误变成积极的结果。

因此，借助于计算来避免人类错误的努力是一种徒劳，是一种预防性的歉意，借此我们可以将那种不安的感觉转化为绝对的安全，转化为一种真理。然而，这种寻求绝对的努力过程，这种从纯粹的知觉活动转化为一种计算的形式则表现出同样的错误，而且它除了运用绝对的方法之外什么都没有，只有虚幻。

白色的桌子

白色的桌子是大的。我相信它是世界上最大的桌子，至少在当时就我所知的世界上是如此。

桌子建造得很坚固，顶层有近8厘米厚。它立在我们家最大的房间中。这个桌子真是大，在我还是孩子的时候，曾看见过有12个人同时在这一张桌子上工作。他们是年轻的工程师，都是在我父亲的指导下接受测量学培训的。

这个大桌子有两级。在桌子顶层的中间放置着许多精密的工具：3米长的钢尺和其他一些重要的工具。年轻的工程师们围桌而坐，还有一些女士也在学习。这张桌子是在那里进行的所有工作的中心。

正如我所提过的，这张桌子有两级，每级还分两层。当我学会了如何爬到所有的四层之后，最低的那一层就成为我生活的地方了。它像一个大城市广场，在那里我独自统治着，直至我长大到足以达到上层，才获得了在白色桌子旁的一个座位。

工程师们在那里绘制地图，地图涵盖了绝大部分的芬兰，而且在当时我还无法理解的难题会不时出现。

所有的助理工程师并不总是在那里。他们经常在广袤的森林和辽阔的荒野中有工作任务。因为这个原因在桌子旁边总能找到一个小小的空间给我，而且我也被允许画图。我升到了顶层。

我想我从4岁的时候开始知道了纸和铅笔的哲理。我仍能记得那种尖锐的棕色铅笔叫作"鹰"，而那种软的叫作"光之山（Koh-i-noor）"。而桌子上还有印度墨水、彩色铅笔和水彩用于画线。

白色桌子是什么？是将人们联结在一起的不确定的表面，这个水平表面是如此得不确定，以至于它可以获得你所希望的一切东西，有些仅仅是来自于人们的想象与技能。

白色桌子的白达到了白色的极致。它没有提出任何规则，没有强迫人们做这个或者那个。它是一个特殊的联系，是它同类中独一无二的一张桌子：富于创造力的人们通过敏悟的手法激发它，从而生产出所期望出来的东西。

我们在世界上很少能发现这种联合，在这里人们的意愿和能力以同样的方法结合在了一起，通过这种方式，实现其理念变得可能。

这个白色的桌子是大的，后来在其上衍生出来的东西会更多，但是它本身并没有变得更大，它只是繁殖了。

在已经建成的城市中规划和建造

现在的都市规划或者叫城镇规划艺术（讨人喜欢的孩子总是有许多名字），以及作为结果而产生的交通规划在社会政策领域中有着非同寻常的地位与影响力，我们发现自己正面临着一个有着空前广度的新天地。然而值得关注的是，所有的这些规模庞大的规划活动在纸面上的进展都要远远超出城市形成的实际进程，城市的形成始于建造，在其发展的过程中，建造的和谐将城市中的诸多要素连接在一起。

技术发展更多的是社会性重组，使我们面对着这样的现实，即与城市规划联系紧密的交通规划，正处于决定性的地位，甚至可以说今天的城市规划就是一种交通规划，在它所限定的范围内，基地甚至建筑都被事先确定了。

以这种形式出现的这种现象就像在人类历史中可以看到的所有的形式变迁一样，无疑是短暂的。

我在这里要讨论的只是这个规模庞大的纸面斗争中的一个侧面：为了绝对而进行的努力。

在每一个时代，无论是长还是短，或者仅仅是某个时代的一部分，甚至是可以想象的最短暂的一个时期，例如一代人期间，相信都有这样的一种趋势，即这段时期会趋于呈现出某种确定的特征。

真正意义上的人类，每个人都会谈论未来远景。一个时期，当每一件事都已经被说过、做过，也仅仅是意味着一个时期主要的观点和活动。而人们却更喜欢谈论"未来"的概念，虽然关于未来他们仅有一些假设的和臆想的理念，但通常甚至连这些假想都没有就已经足够了。

　　为未来提出的规划，在最好的情况下，也只会是在一个相当短暂的时间段中不确定的位置，并做出了错误的安排。

　　生活绝不是一个静止的现象，而是一个在持续不断变化的空间中运动的事物，在它的领域中，我们哪怕以最批判的视角，最严格的限制类型，也不会获得确定性。

　　生活中的一些领域，位于持续运动的空间中，会经历特别的变化（通常是在某种程度上），但是城市环境具有以下特征，这些特征是与其他生活形态的基本区别：一座城市，不像小尺度的日常或短期的实体，它不能随着生活节奏的变化而调整。

　　一座城市，一旦建成，在短时间内就不能够再变化。这就意味着不论是积极的还是消极的方面都会在相当长的时间内存在着，并且会产生或有益或有害的影响。

　　在欧洲，甚至到现在我们仍有一些城市的中心，仍表现出标准化的罗马营地的基本规划。

　　因此，应该尝试去寻找城市设计中更适宜的形式，来代替今天的规划活动。也就是努力发现更加适合的解决方法，用于回应我们今天的现状。

卡尔·弗雷格

目 录

注：本书外文原版出版于 1978 年，书中所述项目进度为当年情况。

莫拉特塞罗摩托艇

1954—1955 年设计并建造

这艘莫拉特塞罗摩托艇（Motorboat for Muuratsalo）是到达莫拉特塞罗消暑别墅的必备工具。这个必要性为设计一艘船的原型提供了机会。它同时又是一个实验项目，尝试发现适宜的方法将各种类型的木材用于船的建造。

核心问题是要找到在水中船的外壳的正确形状。并与船舶建筑师合作，在水渠中检测各种类型的模型。

船头的设计遵循着这样一种原则，即特殊结构的船头其曲线的形状要适于船体划开水面，这种形式更加显著地提高了船速。另外，船头的形状还要使小船可以轻易地在平坦的佩扬内湖（Päijänne Lake）滩边靠岸。

这艘小船不仅仅是到达消暑别墅的工具，它还可以用来游览湖泊，就像一座小的漂流岛屿，在其中人们可以在客人的陪伴下舒适地享受湖水的平静与安宁。

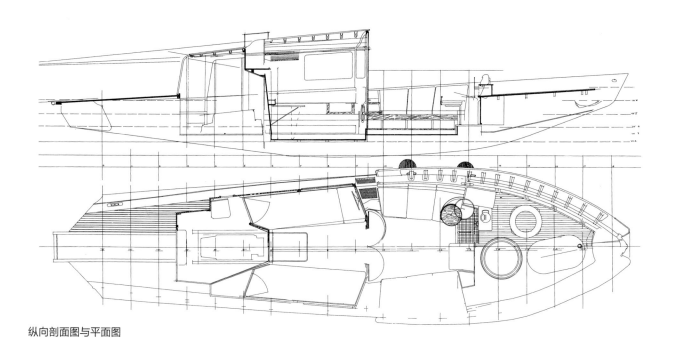

纵向剖面图与平面图

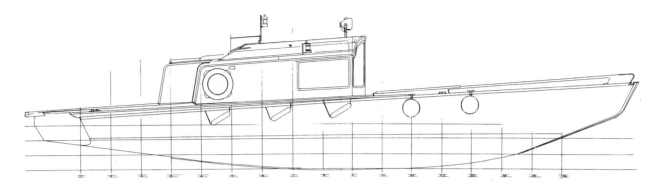

纵向立面图

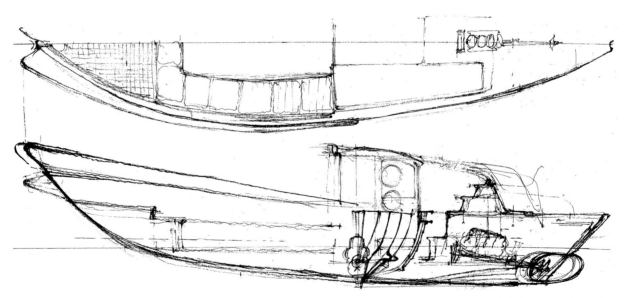

方案发展到不同阶段的草图

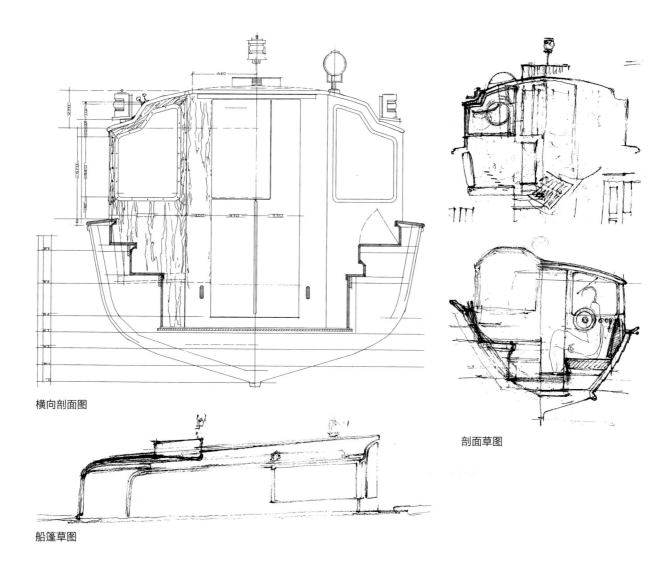

横向剖面图

船篷草图

剖面草图

侧视图：船体的上部结构与内部都是由不同种类的天然木材制成，上部结构的顶端与船体水位以下的部分都是白色的，船体的外部则漆成了黑色

正视图

一位在自己的国家从未获得荣誉的先行者

罗贝尔托·桑博内特在科摩的家庭工作室

这块基地位于意大利的科摩（Como）湖边，邻近瑞士边境，将要在其上建造别墅兼画家的工作室——罗贝尔托·桑博内特在科摩的家庭工作室（Studio-Home of R.Sambonet）。

住宅当中的工作室、客厅、餐厅及厨房部分将获得最多的阳光，并向花园和周围风景敞开，而卧室则设计成一个个附加的、亭状的体量，在室外形成清晰的独立单元。在内部卧室与花园之间没有直接的联系。这种布局是为了强调具有休息与私密功能的房间作为一个区域与住宅公共开敞部分的对比。

卧室上方的天窗也同时用于通风，尤其是在炎热的夏季。这样窗户可以保持关闭状态，遮蔽室内的直射阳光。

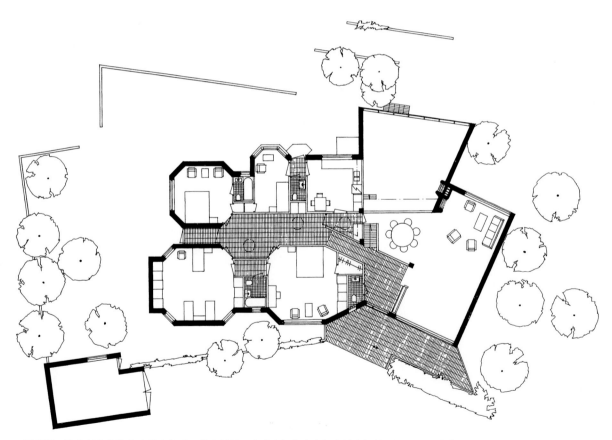

平面图：卧室所享有的完全私密归功于花园的墙。主卧室与儿童房间有着内部的联系，而浴室为两者共用。花园可以经由走廊到达。女仆的房间邻近厨房。工作室比客厅提高了半层，可经由画廊到达

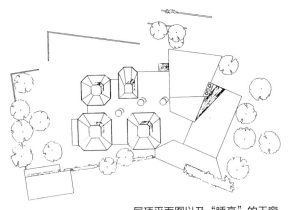

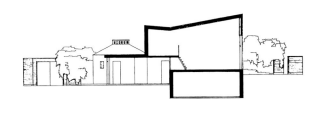

屋顶平面图以及"睡亭"的天窗

入口以及抬升的工作室的剖面图

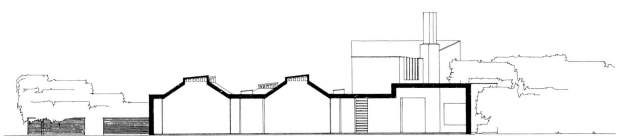

两间卧室、入口及客厅的剖面图

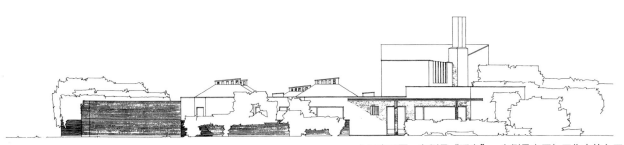

入口立面图：左侧是"睡亭"，右侧是客厅与工作室的入口

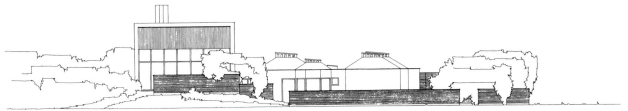

工作室窗户的立面图：工作室有其自己独立的抬升的小花园

工程不同阶段的初步草图（一）

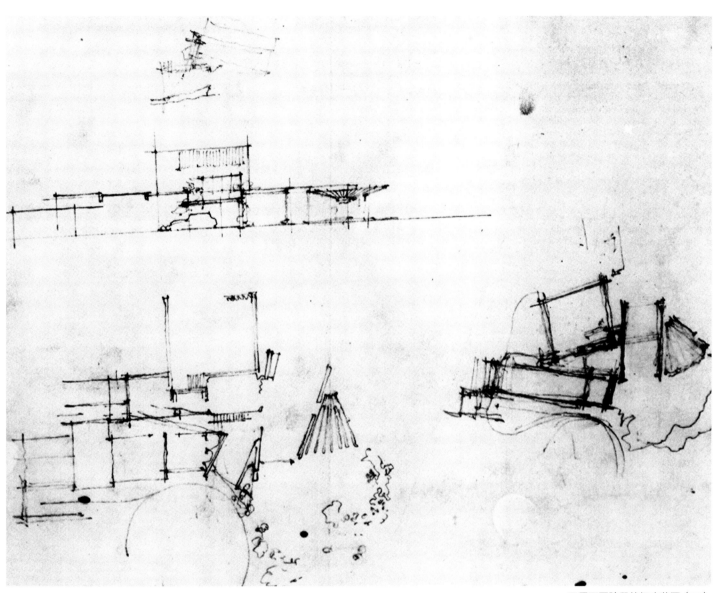

工程不同阶段的初步草图（二）

耶尔文派的柯孔能别墅

1966—1967 年设计，1967—1969 年实施

耶尔文派的柯孔能别墅（Kokkonen Villa in Järvenpää）位于林区的中央。

树木茂盛的场地和花园被尽可能地分散成小块。因为同样的原因，住宅与桑拿房也由木材建造。这些都从属于自然环境。

业主是一位音乐家与作曲家，而这座别墅也将是居住和工作两用的。

那间大的音乐室与建筑的主体连在了一起，并没有作为建筑独立的部分出现。

然而为了避免两个功能部分之间任何的声音干扰，工作室在结构上与居住区域完全分离开来。

因为选择了木结构，所以使得这种结构措施成为必然，一方面是木结构对音乐室的声音效果很有利，但另一方面，木材并不是一种很好的隔声材料。

将起居室与音乐室组合在一起形成一个空间体，要求必须有一扇大的门。当这扇门合上的时候，必须将来自两部分的声音完全隔绝。为了满足这个要求，在工作室一侧设置了很重的滑动隔断墙，而面向起居室一侧则是折叠隔断。

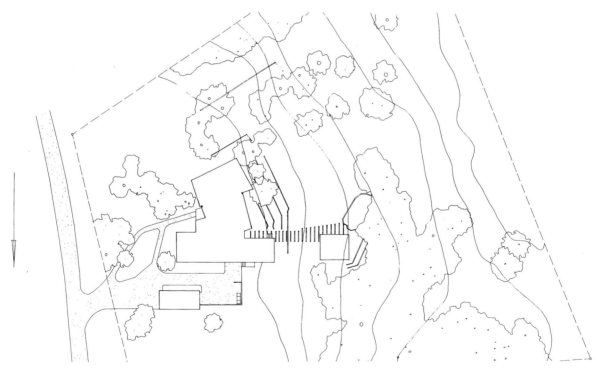

总平面图

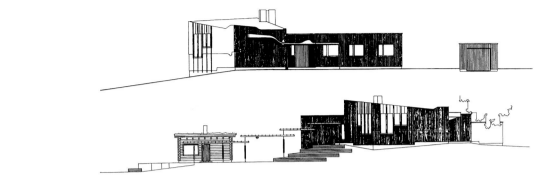

入口立面图和南侧花园立面图

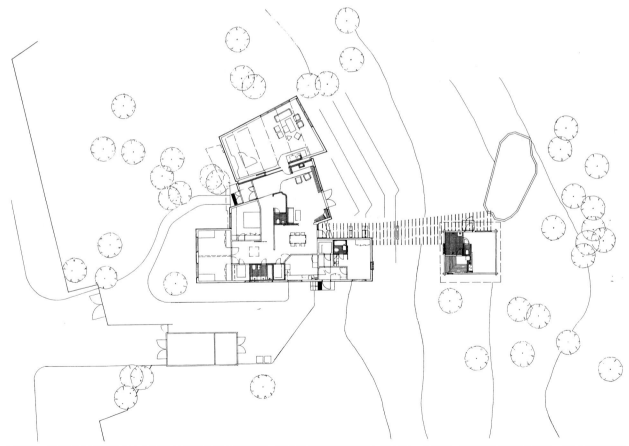

平面图：音乐工作室在结构上与其他的居住体量分离开来，它同时也是这座住宅中最大的一个房间，甚至都可以开音乐会。较小的家庭客厅与餐厅和卧室相联系。簇叶丛生的藤架小路通向独立的桑拿房和游泳池

花园一侧的实景：右侧是音乐工作室，中间是起居室出入口，左侧是通向桑拿房的藤架小路

立面图

入口区域的细部实景：在入口
上方是自由连接的屋顶。木材
的表面以浮雕的效果围绕音乐
工作室的体量连续排列

从音乐工作室看向家庭起居室：从入口直至壁炉都是石灰华铺面，其他的地面区域是英国的镶木地板，墙面一部分是粉刷的，另一部分是木镶板或者覆以天然亚麻布

音乐工作室

看向音乐工作室的座位区域：铺在天花板上的帆布不仅仅在房间中限定了一个特定的空间场所，也可以用来获得更好的声音效果

塔米萨里的施德特别墅

1968 年设计，1969—1970 年实施

塔米萨里的施德特别墅（Schildt Villa in Tammisaari）并不是基于建筑师所希望实现的形式概念，而是源于他对这个小家庭独特需要的感性理解以及对住宅基地潜力的深入思考。

所有形式上的解决方案都是由"实践"因素所决定，因此结果就是一座理想中的住宅，在其中两个人的生活可以既与外部的自然世界和人类社会完全协调，也可以与内部安宁与私密的世界完全协调。

这座房子坐落于一个绿色的公园中，邻近塔米萨里市中心。

在室内与室外都有一部分粉刷成白色的砖墙。一个基本的想法是将位于中央的木结构的起居室抬升起来，它离开地平面的高度使得公园小路上经过的人不能看到室内的情况，而主人则可以欣赏到海岸和停泊小船的海港，可以欣赏到风景如画的小镇以及可以追溯到 18 世纪的木屋。因此突出的起居室被放置在了车库之上，它还有着更加突出的阳台，所以生活区域已经延展到允许建造的界限之外。

起居室与入口门厅通过两者共用的，有着外露的梁与开敞楼梯间的木制楼板联系起来。这种布局消除了两层截然分开的感觉。

门厅与静谧的室内花园在同一标高上，花园中的亭子、草地的布置、古树、莲花池都是典型的阿尔托式的形式。这样住宅就非常恰当地与基地结合在了一起，这一点在面向花园的书房中尤其清晰地表现了出来。这个房间是主人工作的地方，他是一位作家。

餐厅与厨房位于同一个房间内，这样在厨房中的工作就不会变成孤立的活动，而是在同一个空间内，正如阿尔瓦·阿尔托所描述的那样，是 "佩多克王后的餐厅（Rôtisserie de la reine Pédauque）"。

为了将两位居住者在这座所有的地方都很大的房子里的迷失感降至最小，建筑师将想得到的客房、桑拿房及其附属房间都放到了单独的木结构一侧，通过一个两米宽的连廊将其与主要体量分离开来。

很少有隔断与墙是平行走向的。而角度的偏差非常小，因此空间体量的动感与令人激动的光影效果可以更加直观地而不是理性地被感受到。

这座房子可以很好地适应客人小规模的社交与娱乐活动，它会在每一天的家庭生活中展现出最好的一面。

对于一位工作中的作家来说很难想象出更加适合的环境了，将理想中的书房与生活区域相结合有助于从容的家庭生活，家里天然的中心是开敞的壁炉，它每天都在被使用，是由主人的朋友阿尔瓦·阿尔托亲自设计的。

戈蓝·施德特（Göran Schildt）

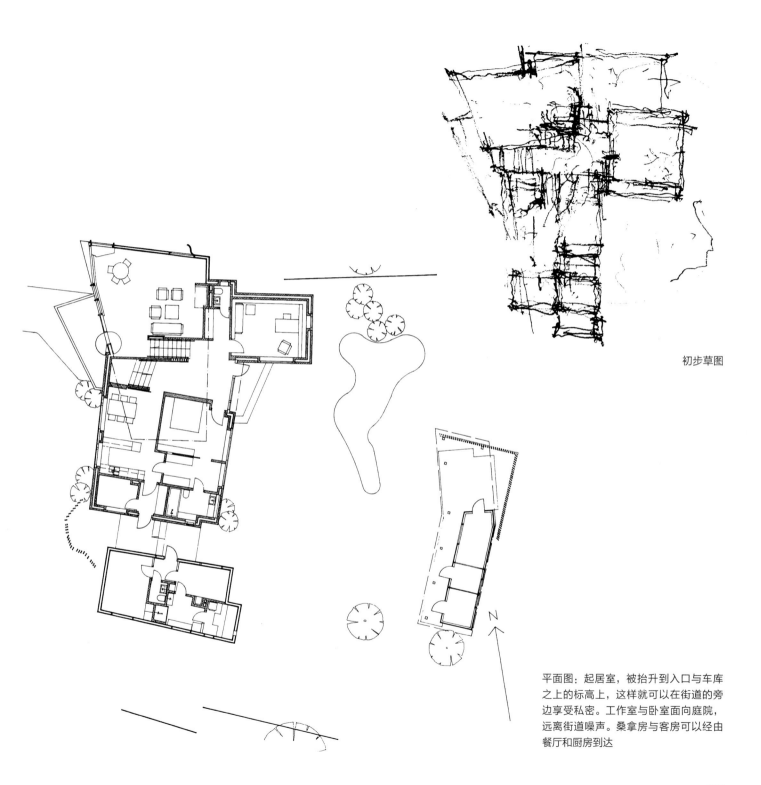

初步草图

平面图：起居室，被抬升到入口与车库之上的标高上，这样就可以在街道的旁边享受私密。工作室与卧室面向庭院，远离街道噪声。桑拿房与客房可以经由餐厅和厨房到达

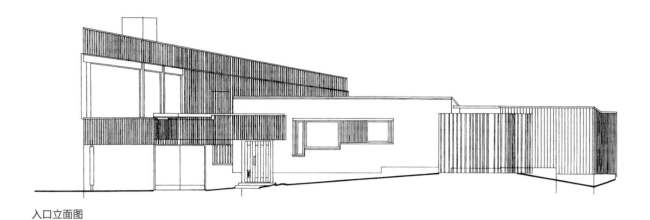

入口立面图

入口立面外观：在入口与车库的上方是起居室及其阳台，在其中向外眺望，可以看到附近的大海。起居室与客房都是木结构的，其他的部分是白色粉刷的清水砖墙

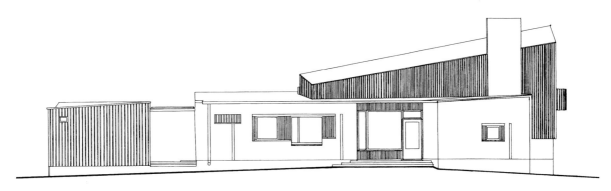

从亭子看向工作室与卧室的立面图

从亭子看向工作室与卧室

看向庭院，可以看到莲花池和亭子

抬升的起居室区域

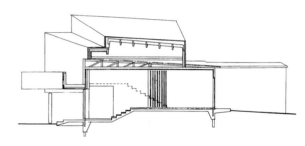

入口与上部花园的剖面图：可以看到通向起居室的楼梯的立面图，
起居室抬起的屋顶跨过了入口区域，在空间上将两部分联系起来

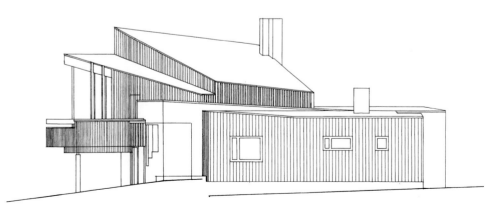

入口以及客房和桑拿房一侧的立面图

抬升的起居室区域与入口的外观实景：起居室区域的木质部分与客房那里相比，经过更加精准的计量

从起居室向外看向楼梯和形成与入口门厅空间联系的屋顶结构

工作室内景

看向起居室内的壁炉实景

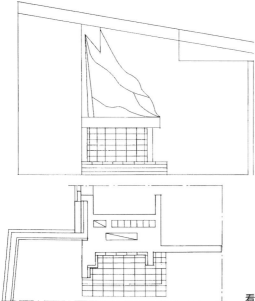

看向起居室内的壁炉立面图

都灵附近的埃里卡别墅

1967 年设计

这栋埃里卡别墅（Villa Erica）并没有建成，其基地在意大利的都灵（Turin）附近，是皮德蒙特（Piedmont）一个美丽的山村中的废弃高尔夫球场。

一方面，别墅必须满足安静的家庭生活，而另一方面，还打算满足款待住宅中的客人之用，并且对于主人来说这是令人兴奋的环境，被设计成一个具有活跃的社会与文化生活的所在。

这个要求苛刻的建筑任务必然要精心地考虑许多提案。

还有特殊的建筑规则，其中有一些还相互抵触，也必须进行考虑，因为这座别墅将矗立在位于两个不同的镇区的地块上（城镇的界限恰好穿过房子的中央）。

委托人除了上面所描述过的一般要求外，关于一定的功能关系，关于自己未来的生活状态，他还有一些自己确定的想法：

"……每一座房子，尤其是为一个家庭建造的房子，不应该给其未来的居住者施加以同样的影响。它应该表达他们关于生活的独特的私人理念，并且给主人的个性与特征以最多的支持。独户住宅应该为大多数住宅建立典范和提供指导性。公寓式住宅应该尽可能地表现出私人住宅的品质。"

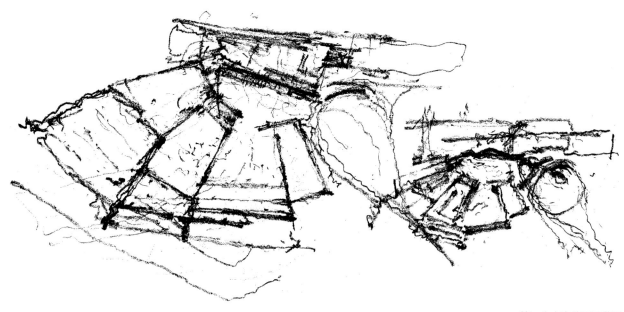

第一个方案的平面草图

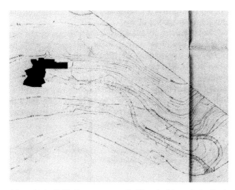

第一个方案的总平面图：在第一与第二个方案中
主入口与车行道都位于南侧

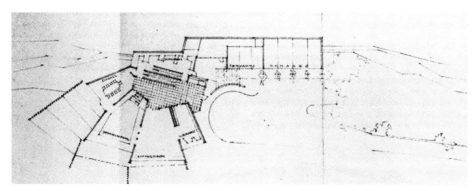

第一个方案，一层平面图：包括入口、车行道和车库。室内游泳池在起居室与餐厅之间。每个房间前
都划分出一块花园，大小不同，是全部景观的独特组成部分

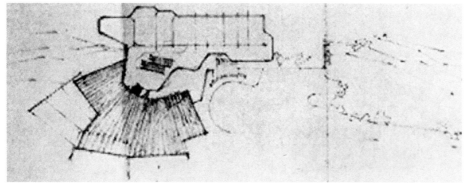

第一个方案，在上层标高上，沿东侧是卧室与工作室。东向一侧的地形与上层地面位于同一标高，因
此花园区域就可以在卧室的正前方

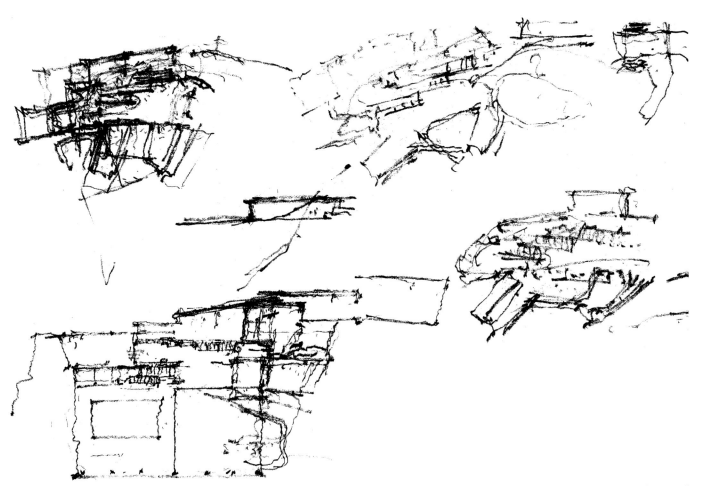

第二个方案的平面草图

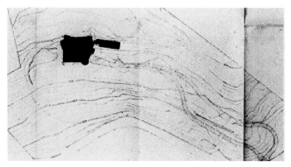

第二个方案的总平面图：有着南侧的车行道

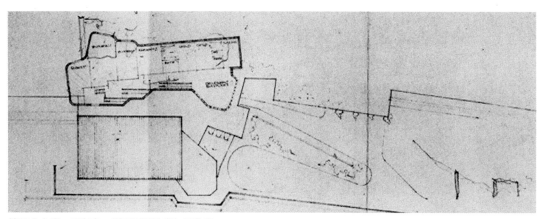

第二个方案，沿东向一侧二层是卧室与工作室

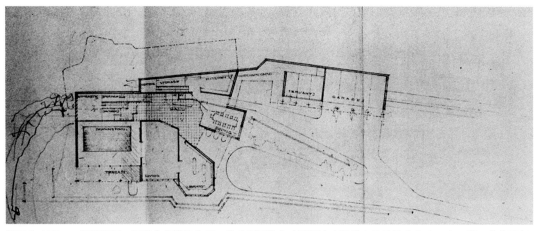

第二个方案，一层平面图：包括车行道和入口。仆人区域的车库被厨房庭院从主体结构中分离开来。餐厅的位置紧临厨房。游泳池向北移动，邻接起居室

第三个方案的平面草图

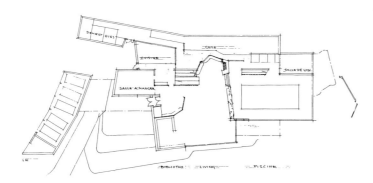

第三个方案，一层平面图：入口与车行道由北侧可达，游泳池移
至南侧，壁炉前的座席区域和藏书室构成了大起居室的一部分

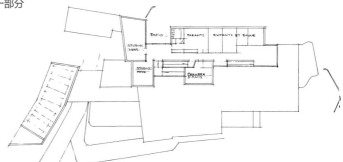

第三个方案，二层平面图：家庭用卧室朝向东侧，客人卧室朝向西侧

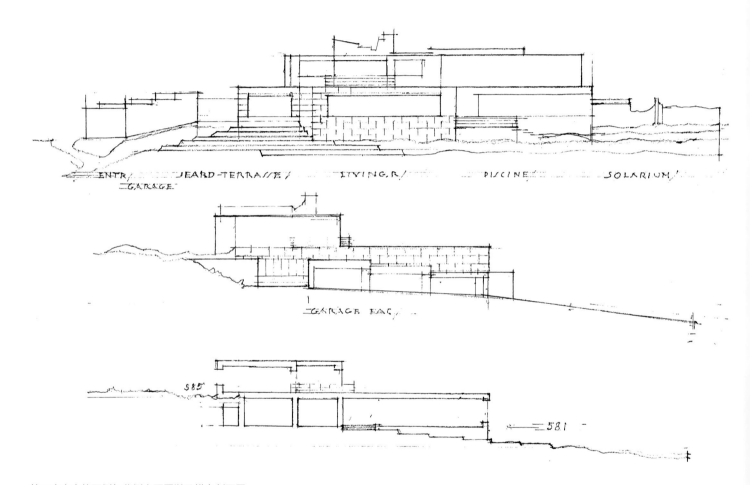

ENTR/ GARAGE   JEARD-TERRASSE/   LIVING.R/   PISCINE/   SOLARIUM/

GARAGE BAG/

585

581

第三个方案的西侧与北侧立面图以及横向剖面图

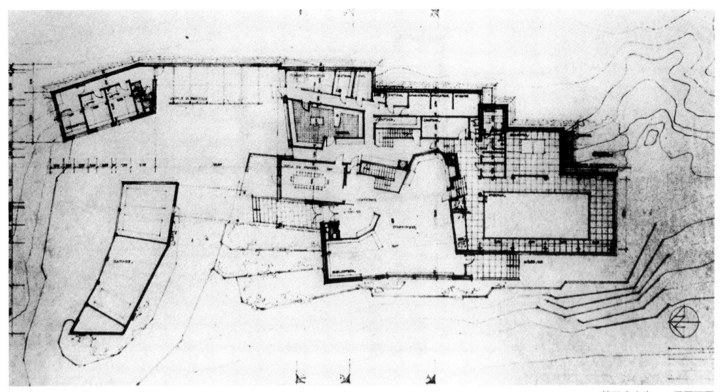

第四个方案，一层平面图

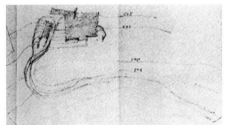

第四个方案，基地草图

第四个方案，西立面图

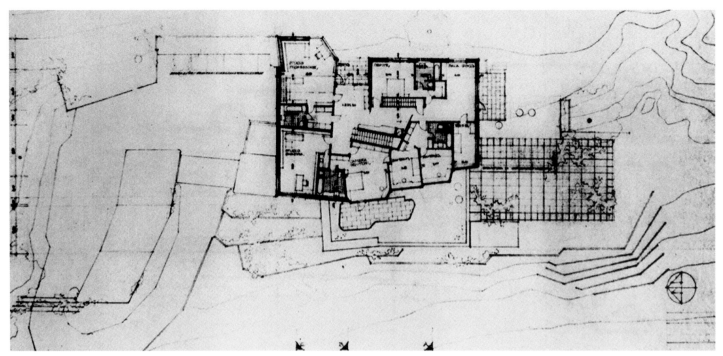

第四个方案，二层平面图

第四个方案，透视图

第四个方案，模型（一）

第四个方案，模型（二）

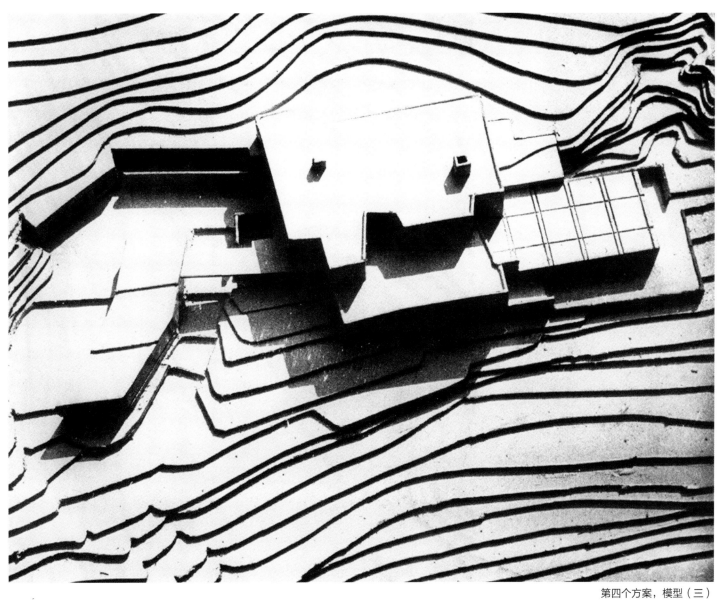

第四个方案，模型（三）

曼基尼米国家年金协会的住宅项目

1951—1952 年设计，1952—1954 年实施

曼基尼米国家年金协会的住宅项目（Housing Estate for the National Pension Fund）是个居住综合体，是为国家退休部的员工建造的。它位于曼基尼米（Munkkiniemi）半岛上，在赫尔辛基的郊外。

独栋的建筑沿基地的外围排布，所以创造了大面积的绿地区域，可以用来作为活动场地以及公众可以到达的花园。

在综合体的焦点位置，延展的建筑与其狭窄的端部会聚在一起，当地的商铺和小型的广场就坐落于其中，这就构成了一个社区的中心和明显的都市化地标。规划在这个地方的幼儿园没有实施，它会有助于强调社区中心这个原初的理念。这座幼儿园还包含一些房间，可用于公共演出。

"……城市中的邻里关系应该包括小的自我包容的单元，它在一个小范围内要给居住者以归属感，并且要表现出城市化的特征，这将会使这个地方与众不同。而且通过小的建筑单元，使陌生人群的流动所带来的弊端也可以被消除。"阿尔托说。

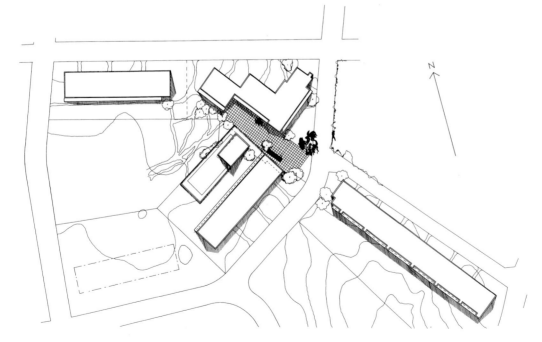

总平面图：独栋的住宅沿地块的外围排布，这样创造了大面积的绿地区域，可以为所有的居民使用。商铺前的广场，与幼儿园（未实施）相联系，意在创造一个社区的中心

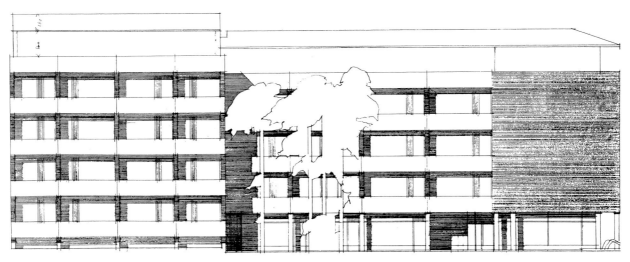

带有商铺的住宅的西南立面图

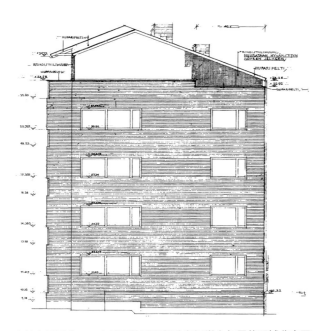

山墙立面图之一：山墙面的屋顶部分在视觉上与居住区域分离开来。山墙的端部砌筑成特殊的清水砖墙，比其他的清水砖墙有更好的质感

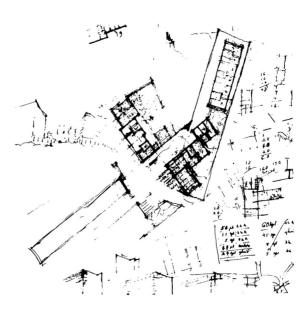

理念草图

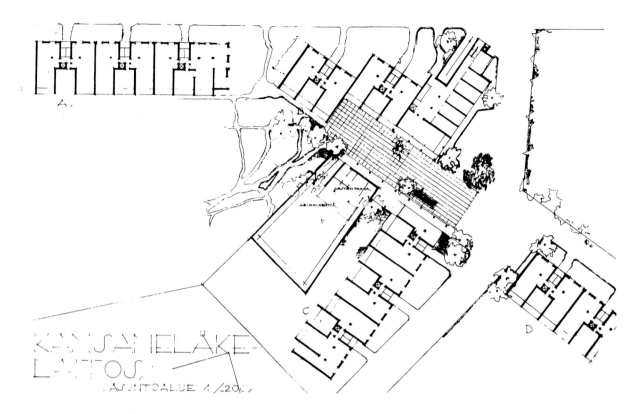

入口层平面图：最初的方案

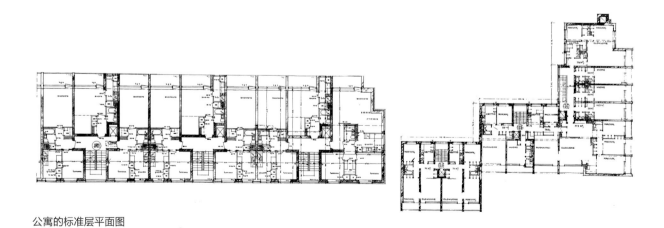

公寓的标准层平面图

看向商铺的实景右侧是长长的居住单元，在一层的单元有相互隔离的小花园

朝向公园的正立面：阳台的楼板和栏板都是预制的

长长的居住单元及其小花园的立面图

看向未完成的广场及其商铺

罗瓦涅米的寇卡洛瓦拉住宅项目

1957 年设计，1958—1961 年实施

罗瓦涅米的寇卡洛瓦拉住宅项目（Korkalovaara Housing Estate in Rovaniemi）是个综合建筑群，依照低收入群体住宅供给规范与专门的造价限制建造而成的。委托方与塔皮奥拉（Tapiola）公寓是同一个房屋协会。罗瓦涅米的市政当局也有资金加入。这个项目有许多种类的居住单元：双拼住宅、联排住宅以及包含从 $1\frac{1}{2}$ 到 $4\frac{1}{2}$ 房间的公寓。

为低收入群体提供住宅最大的危险在于居住区必须部分地受到不合理的造价限制而变得不近人情的单调。防止这种情形出现的方法之一就是关注它，建造尽可能多种类的住宅。

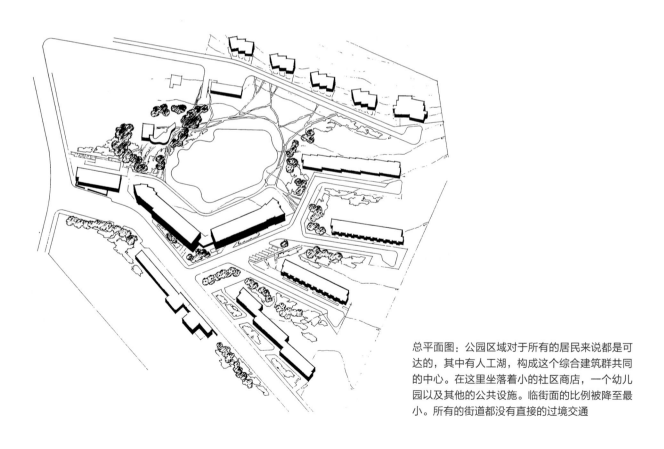

总平面图：公园区域对于所有的居民来说都是可达的，其中有人工湖，构成这个综合建筑群共同的中心。在这里坐落着小的社区商店，一个幼儿园以及其他的公共设施。临街面的比例被降至最小。所有的街道都没有直接的过境交通

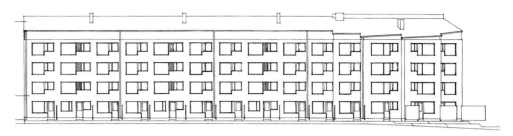

$1\frac{1}{2}$ 与 $2\frac{1}{2}$ 房间的公寓立面图

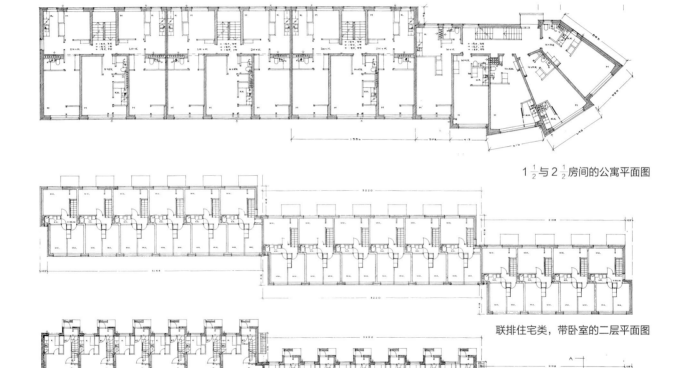

$1\frac{1}{2}$ 与 $2\frac{1}{2}$ 房间的公寓平面图

联排住宅类，带卧室的二层平面图

联排住宅类，一层平面图：包含入口与起居室，每一个单元都有自己独立的花园区域

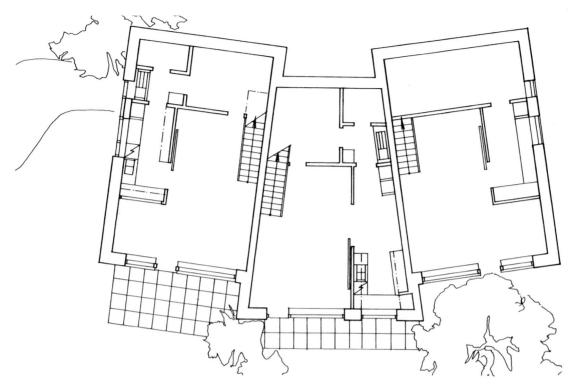

在斜坡上由三个单元组成的联排类住宅平面图：居住与地下层平面中还包括洗衣房与桑拿间

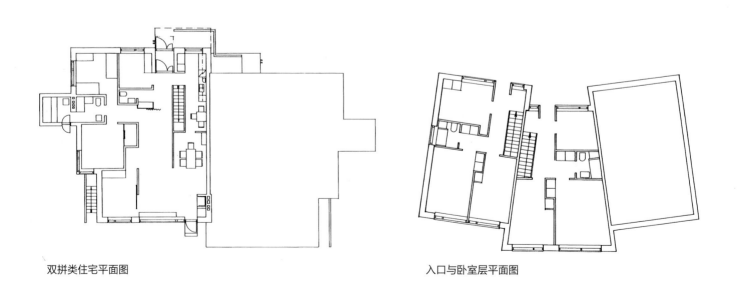

双拼类住宅平面图

入口与卧室层平面图

联排类住宅的立面细部实景

实景

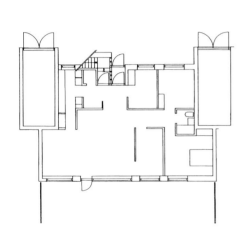

联排公寓及其公共车库平面图

外立图：为了更好地保温，外墙是双层粉刷，窗有三层玻璃

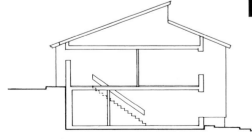

横向剖面图

艾斯博的塔皮奥拉公寓

1961 年设计，1962—1964 年实施

这组艾斯博的塔皮奥拉公寓（Tapiola Apartment Blocks in Espoo）街区包括七栋住宅，位于赫尔辛基西部的试验示范镇塔皮奥拉。这个社区在 20 世纪 50 年代早期规划时曾邀请过不同的建筑师建造示范性与试验型住宅。目的是为了积累经验以详细制定普通住宅供给的新原则。

在这个建筑群中使用的住宅类型是在 1946 年的住宅项目纽耐斯（Nynäshamn）的基础上进一步发展出来的。住宅位于狭窄的海角，矗立在树木繁茂的两座小山上。在越过海湾很远的距离都可以看到它们。

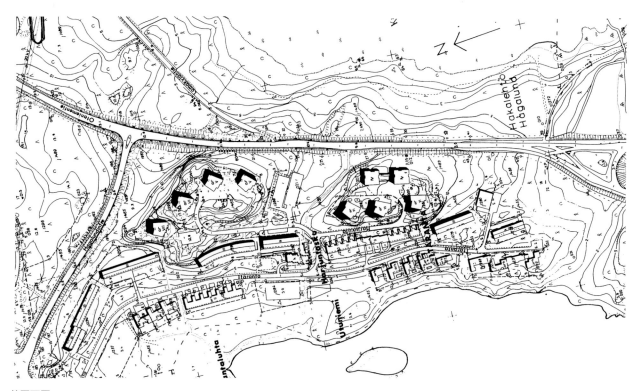

总平面图

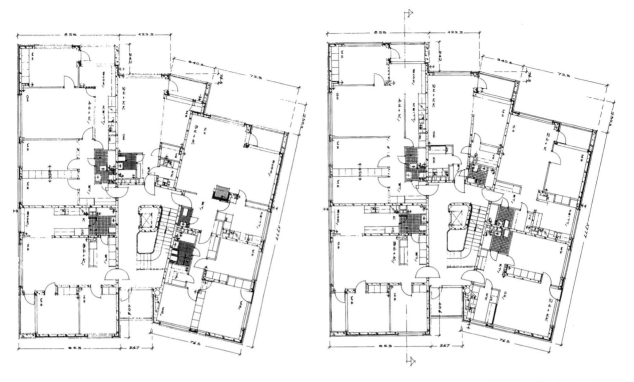

每层有 4 或 5 户的公寓平面图

越过海湾看到住宅从树的枝头高耸而出的实景

不同视角的室外实景：基础是框架混凝土，外墙是清水砖且粉刷白色。砌筑的不规则故意保留着，并且结构清晰。为了改善在阳台后的起居室中阳光的入射角度，阳台的楼板抬起了一步的高度

公寓内的场景

外立面实景

波尔沃的盖缪拜卡住宅项目

1966 年设计

盖缪拜卡住宅项目（Gammelbacka Housing Estate）所选择的基地位于波尔沃（Porvoo）城外，基地内多山丘。

附近新建了工厂，因此需要新建住宅。委托方是社会民主房屋建筑协会，名为 HAKA。

住宅建造的一个先决条件是要依照独特的预制体系。

住宅资助相关部门给这个项目提供了大量的资助，这个项目必须作为指定预制系统的试验场。"……建筑的预制与标准化的意义仅仅在于服务人类。这就是说，因为建筑的工业化，单元类型化的建筑在经济上有优势，要比通过传统的建造方法建造的建筑更有效地服务于人类……"阿尔托说。

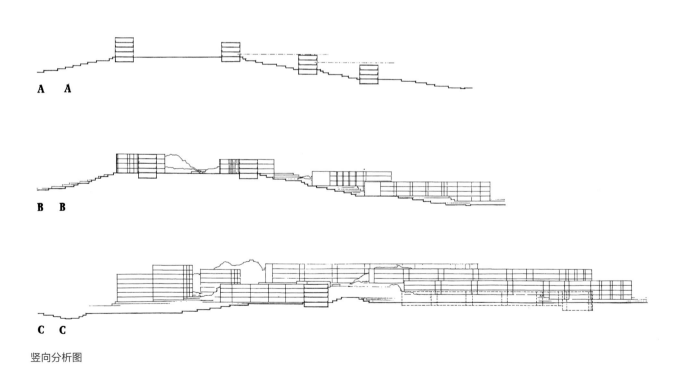

竖向分析图

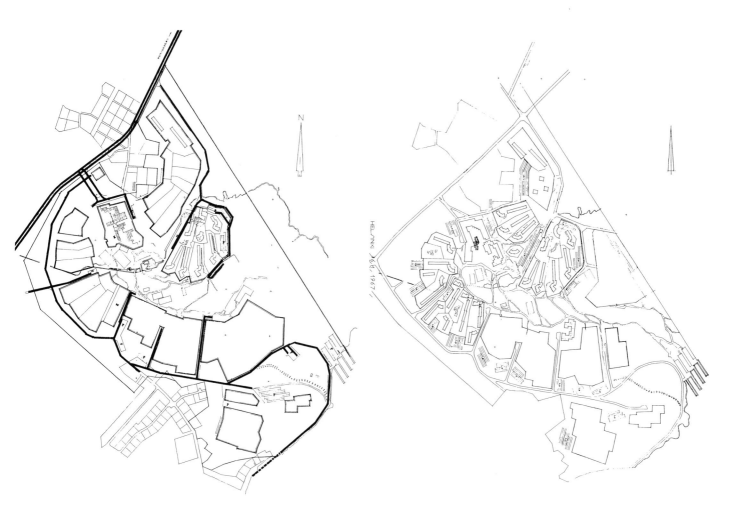

街道平面图：单独的住宅组群仅可以经由分支道路到达，这样可以避免任何过境与本地交通干扰的可能性。汽车停放在集中的停车场或车库，这种布置方式保留了大量无交通的灵活区域，在其中居民可以愉快地享受公共生活。"……住宅的入口不是汽车的终点；我们必须再三地学习如何步行回家。"阿尔托说。

总体平面图：表现了每一个阶段与每一组住宅的边界线。大的类似于公园的中心区域，一直延续到大海的岸边，从所有的住宅都可以不受机动交通的干扰到达那里

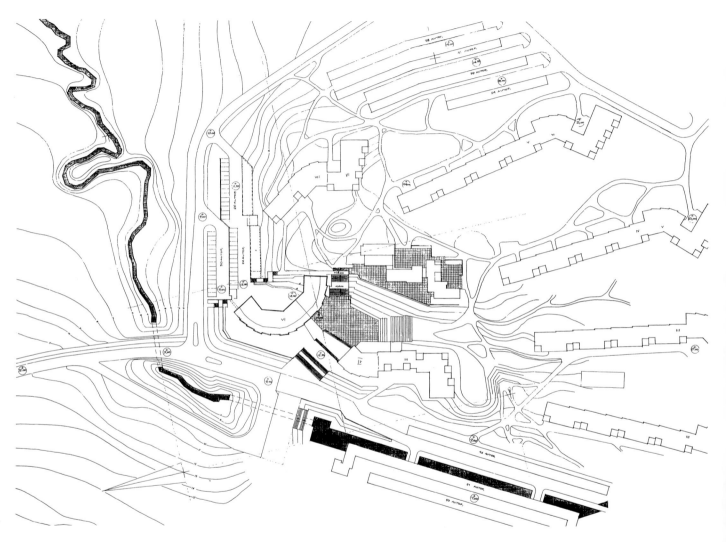

第一阶段的总平面图：每一个大小相当的单元组团都有其自己的邻里中心及服务设施、办公室与托儿所。开敞的区域可以在夏天用于举办各种社区活动。各个单元都可以通过步行到达这个中心

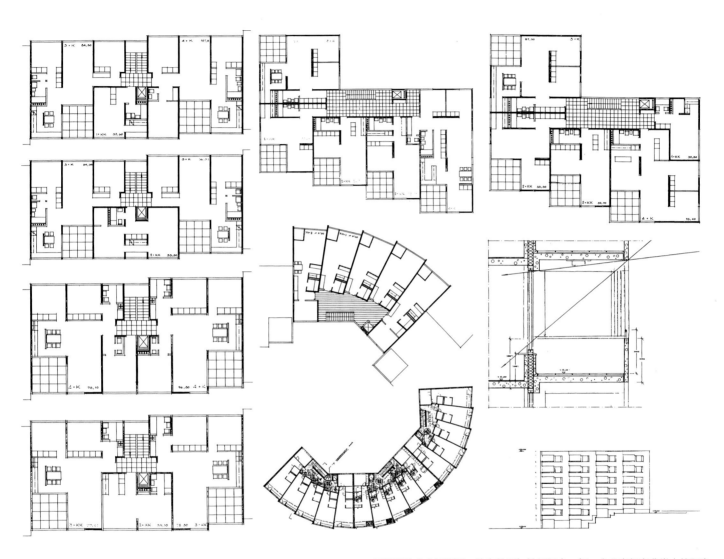

不同类型的公寓平面图：住宅单元与单元组合。每一个公寓都有非常大的阳台

一个住宅组团的模型：尝试在建筑手法与空间上精细设计各个组团，使居民可以感受到生活在一个特别的邻里之中

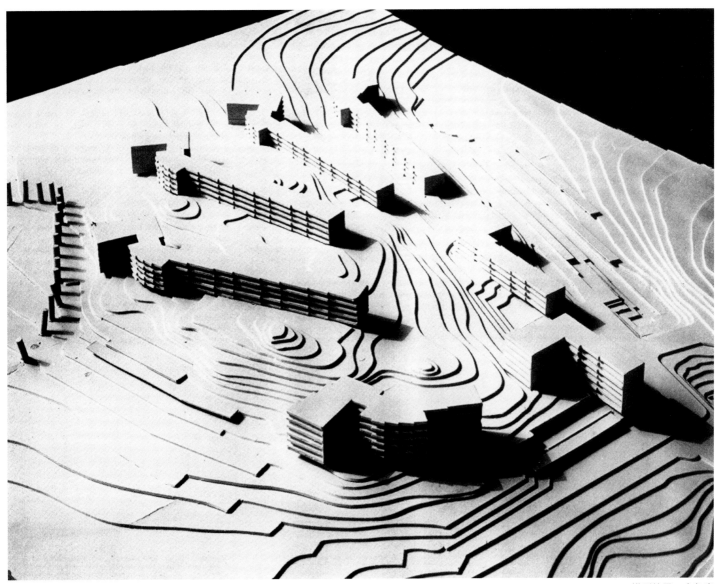

模型的另一个角度

卢塞恩市住宅项目及舒标湖滨餐馆（瑞士）

1969 年设计

卢塞恩市住宅项目及舒标湖滨餐馆（Housing Estate With Lakeside Restaurant Schönbühl, Lucerne）规划的建筑群基地位于 1965—1967 年建成的舒标高层公寓附近，直接坐落在卢塞恩湖岸上。

在修订后的总体规划范围内，这个项目的设想区域仅仅代表了非常巨大的社区中的一部分。

这个项目包括三部分，一个湖滨餐馆、多层公寓组团包括大小相当的居住单元以及一组联排住宅。

委托方所提出的条件之一是湖岸区域的位置设定，距离要尽可能地使公众可以步行到达。有道路可以通往基地的边界，那里的一部分将要作为小型沙滩，供社区中居民使用。

规划了一个泊船码头作为湖岸延展，与湖滨餐厅相连接。湖岸区域位于餐馆与餐馆平台的前方，公众可以到达，其布置方式方便小型的庆典与其他的公共活动在那里举行。

联排住宅排布成弧形，与其所附属的花园一道向上抬升了足够的高度，因此居民受到来自公共花园的干扰被降至最小。另一方面，联排住宅的屋顶线不高于高层的第一层公寓，这样高层居民可以不受阻挡地欣赏湖水与远山。

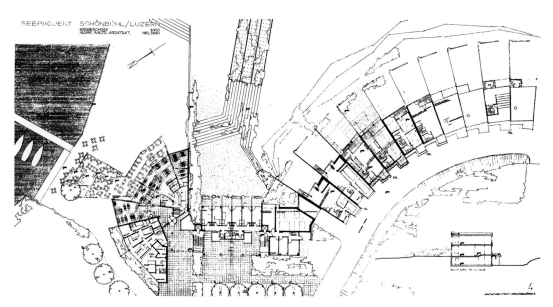

一层平面图：左侧，紧邻餐馆是一个公共桑拿房的入口。那里有台阶状的连续平台通往泊船码头与湖边散步场所。一些单个的房间也位于住宅的入口层平面上。每一户联排住宅都有一个小型的相互隔离的花园。车行道与联排住宅的入口都位于地下层标高上。起居室、厨房与就餐区域在花园层标高，而卧室在二层。如果有需要，屋顶可以改造成平台

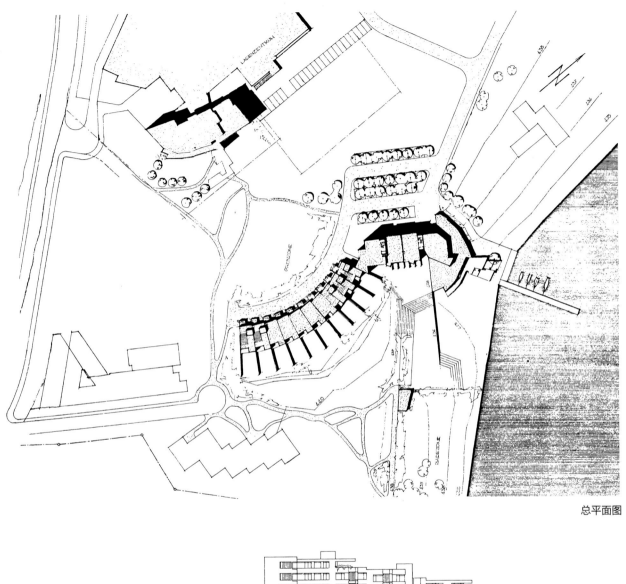

总平面图

东南立面图：左侧，联排住宅组团，中心，多层公寓组团，其中有共管的公寓与单元可以出租，右侧，湖滨餐馆及其连续的平台与泊船码头

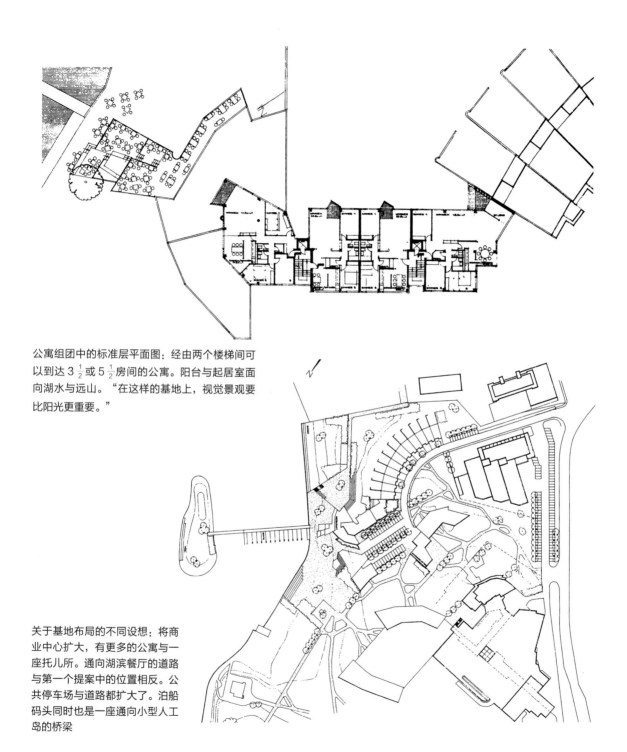

公寓组团中的标准层平面图：经由两个楼梯间可以到达 $3\frac{1}{2}$ 或 $5\frac{1}{2}$ 房间的公寓。阳台与起居室面向湖水与远山。"在这样的基地上，视觉景观要比阳光更重要。"

关于基地布局的不同设想：将商业中心扩大，有更多的公寓与一座托儿所。通向湖滨餐厅的道路与第一个提案中的位置相反。公共停车场与道路都扩大了。泊船码头同时也是一座通向小型人工岛的桥梁

赫尔辛基"复活论坛"文化与行政中心

1948 年竞赛，一等奖

这是二战之后赫尔辛基所举办的最初的几个大型建筑竞赛之一。这个赫尔辛基"复活论坛"文化与行政中心（"Forum Redivivum" Culture and Administration Centre in Helsinki）建筑项目包括国家年金协会总部大楼，用于音乐会与展览等的多功能观众厅，用于出租的办公楼，公寓与商店，一间餐厅，还有各种俱乐部。

提交了两个竞赛提案。在两个方案中主要的理念都是依据给定的地形在不同的标高上创造开敞的广场，获得空间上的步行区域，并完全与机动交通隔离开来。基地的自然条件使之成为可能，没有任何困难，创造两层地下标高用于停车，并且提供了一个室内的地下服务街。因为当时政治的原因，这个方案没有能够实施。

芬兰年金协会大楼后来在其他的地方建造，也是在曼纳海姆（Mannerheim）大道上（参照第 1 卷）。

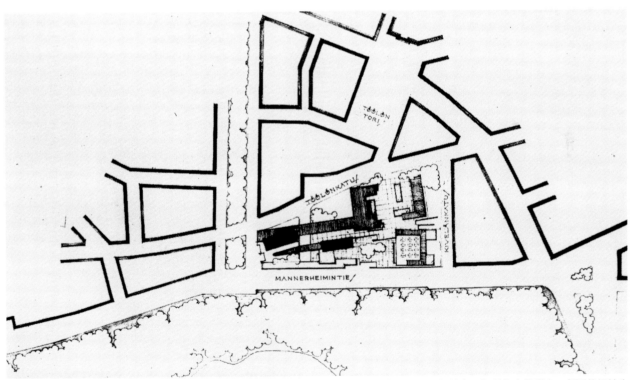

方案 B2 的最终总平面图：现有的，位置不好的旧集市吐罗－托里（Töölön-Tori）将会迁往新的交通便利的建筑群中。邻近的场地也整合进来，在新建建筑与原有的停车场之间做了自然的调换

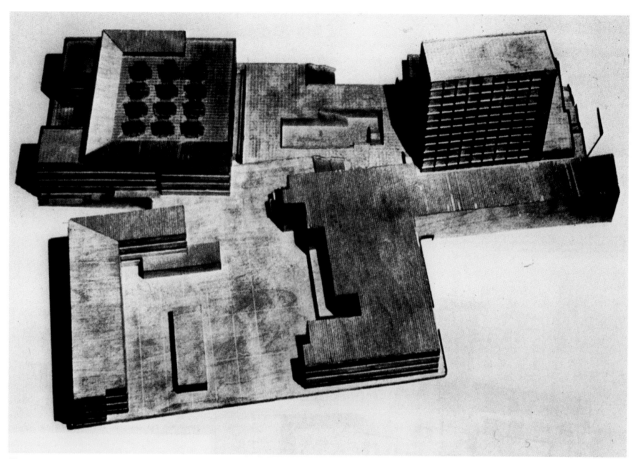

模型：前景，拟建的新集市，包括商铺、公寓和带餐厅的多功能观演厅。左侧（广场建筑物）是芬兰年金协会大楼，右侧是高层办公建筑，在上层有俱乐部的聚会室

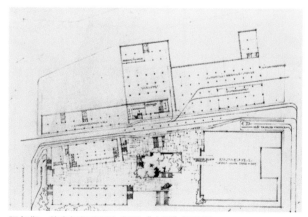

服务街、停车场标高层与低层"广场"平面图

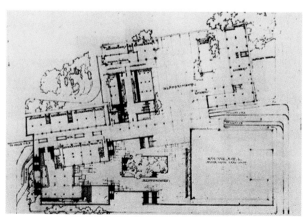

作为集市的上层广场平面图

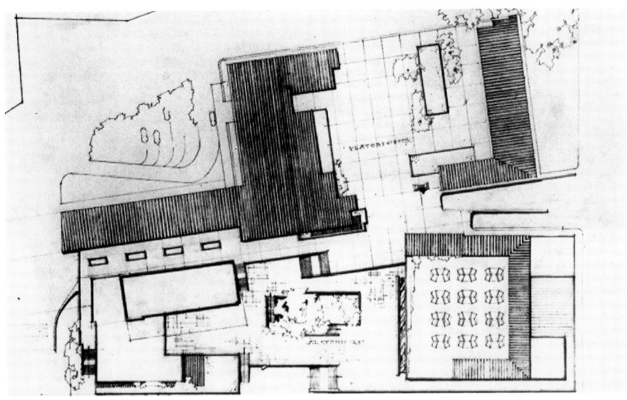

方案 B1 总平面图

方案 A 透视图：看向芬兰年金协会大楼的入口

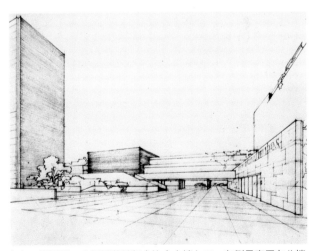

方案 A 透视图：右侧是芬兰年金协会大楼入口，左侧是高层办公楼

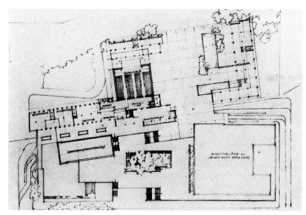

多功能观众厅以及餐厅、办公室与公寓

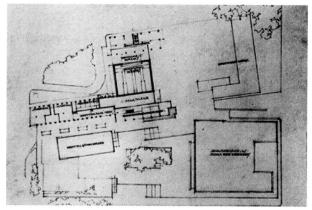

上层平面图：包括办公室与公寓

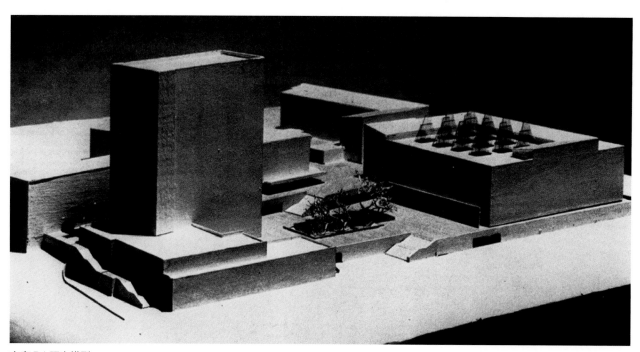

方案 B1 研究模型

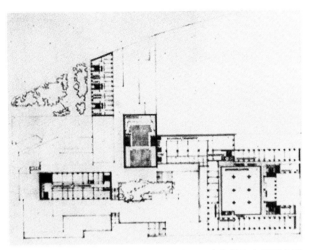

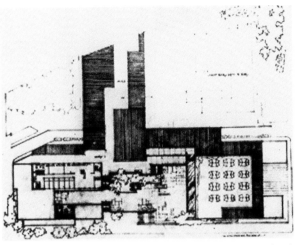

方案 A 的平面图（一）：商业广场，在这里还坐落着多功能观众厅，从低层"广场"一直延续到旧集市

方案 A 的平面图（二）

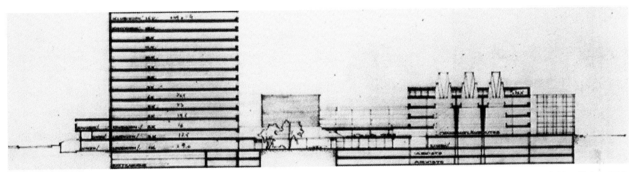

高层办公楼与芬兰年金协会大楼的剖面图：结晶状的天窗沿着观众厅的内侧给办公室楼层带来了采光

沿曼纳海姆大道一侧立面图

汉堡 BP 办公楼

1964 年竞赛，三等奖

"……德国的汉堡 BP 办公楼（BP Office Building in Hamgurg）项目要求有一个在水平方向展开的开放式大厅，与不同的工作组团之间都有着弹性的联系，并要求有最小 25 米的办公宽度。设计的想法是开放式大厅的延展要有其自己明确的界限。

如果超越了一定的界限，或许会产生心理压力。这些界限包括照明光源、窗户以及其他可能要素的距离，或多或少是不可计量的因素。

因为这个原因，设计采取将整个平面做成邻近的组团连接在一起的方式，这些组团相互之间紧密连接。这种细分对于垂直方向的分隔也有好处，垂直的划分在很大程度上缩短了距离……"阿尔托说。

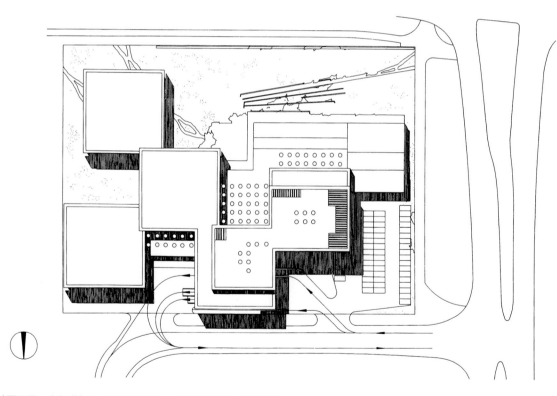

总平面图：车行道与入口都位于北侧，在南侧是花园与职员餐厅

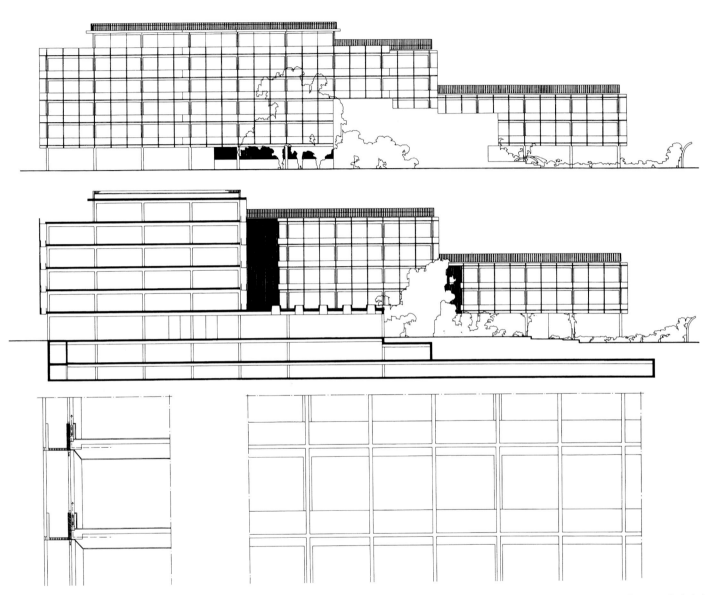

西立面图、剖面图与细部图：框架的可见部分都覆以金属板材（铜质），窗户的栏板是天然石材，但是它们可以根据位置的不同而发生改变

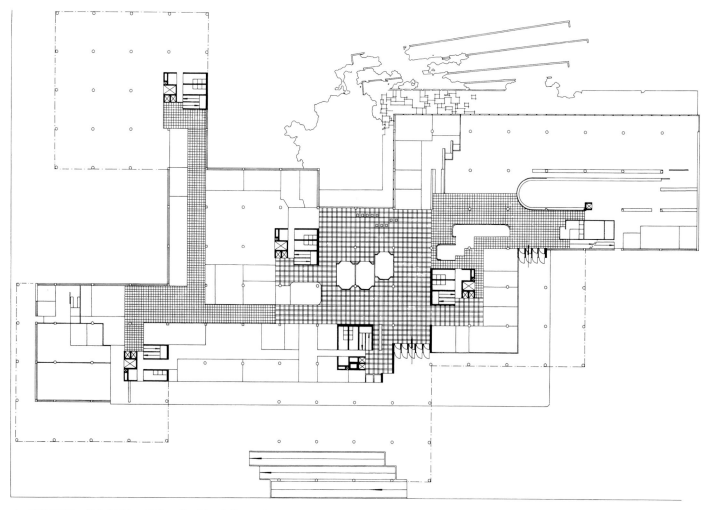

入口层平面图：朝向花园与职员餐厅的区域可以从入口大厅中分离出去，并且经由单独的入口进入

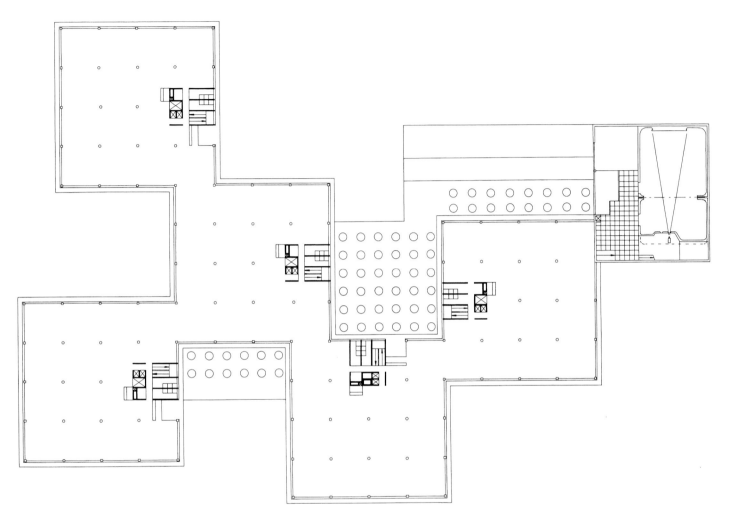

"……这座建筑由方形元素组成，超过 25 米宽的办公室设置在了这里，因为这个简单的原因，几乎每个组团都可以在四个方向上获得自然采光……" 阿尔托说

波赫尤拉"曲流"办公楼

1965 年竞赛

波赫尤拉办公大楼竞赛由一个私营公司组织。

波赫尤拉"曲流"办公楼（Pohjola "Maiandros" Office Building）项目是在 BP 办公大楼基础上的进一步发展。

就像在 BP 项目中一样，这个项目的委托方也要求开敞的、没有走廊的大空间办公室布局方式，尽管这个前提在现行的建筑规范中近乎是不可行的。没有采用带电梯的高层办公楼，而是采取了水平的办公组织方式，因为用这种方法可以获得最大程度的灵活性。基地位于一个类似于公园的居住街区的边缘，同时也是在赫尔辛基外的一条繁忙的高速路旁边。

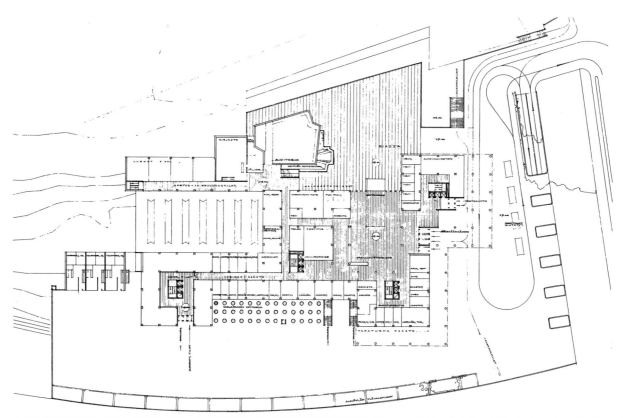

主入口标高层平面图：右侧，通往主入口与车库的道路，入口门厅拓宽至银行区域，这个大厅通过一个大的三角锥形天窗采光，并与"广场"直接相连。"广场"的左侧，是培训中心及其观演厅与图书馆，左侧更远处，是三间管理者的公寓

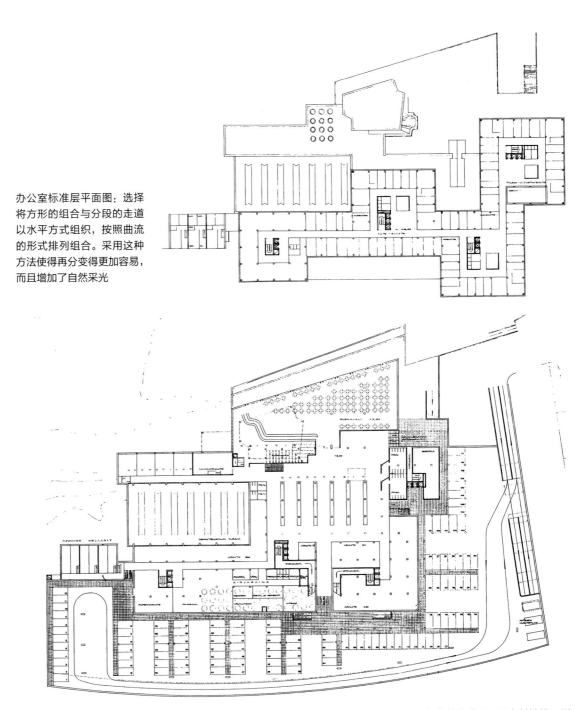

办公室标准层平面图：选择将方形的组合与分段的走道以水平方式组织，按照曲流的形式排列组合。采用这种方法使得再分变得更加容易，而且增加了自然采光

员工入口层平面图：包括衣帽间，在主入口层的下方。员工餐厅位于同一层并且面向安静的花园。面向斜坡的一侧是在地下一层的标高上，用作车库

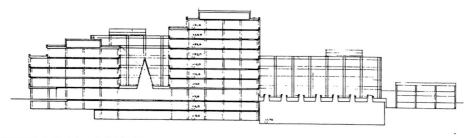

有着巨大天窗的入口大厅剖面图

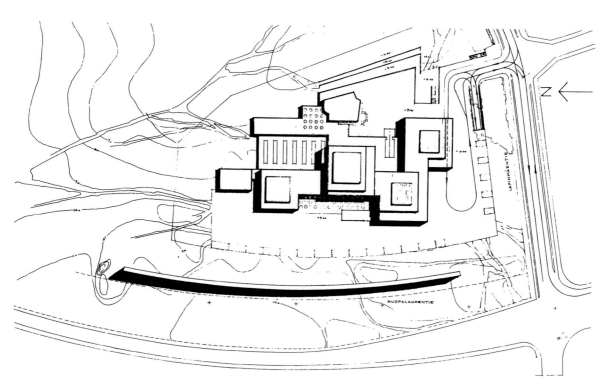

总平面图：为了尽可能减少车对公园产生干扰，车行道的位置尽可能地靠近交叉口。大的隔声屏障竖立在花园里，位于朝向高速公路的一侧

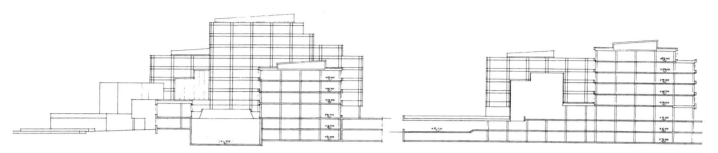

机械设备用房剖面图与侧立面图：左侧是员工餐厅

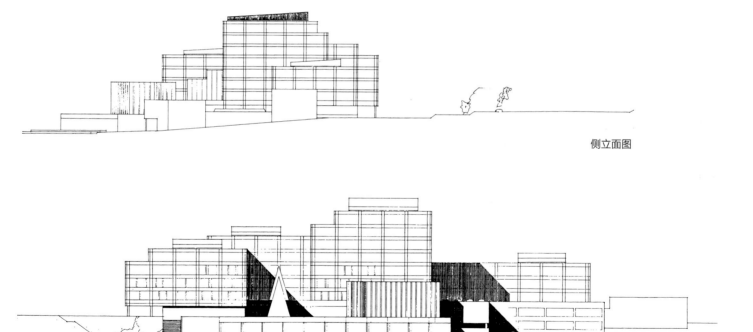

侧立面图

花园一侧的立面图：包括员工餐厅、入口门厅的巨大天窗与培训中心的观众厅

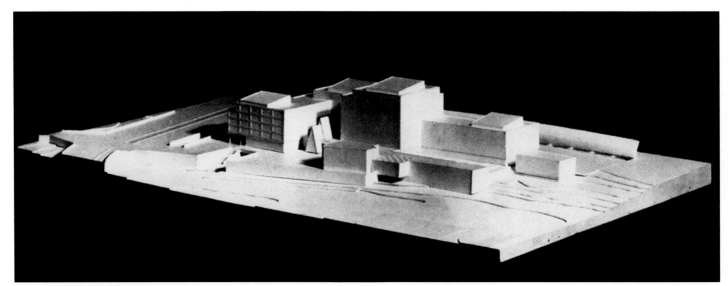

模型：从东侧公园中看到的效果

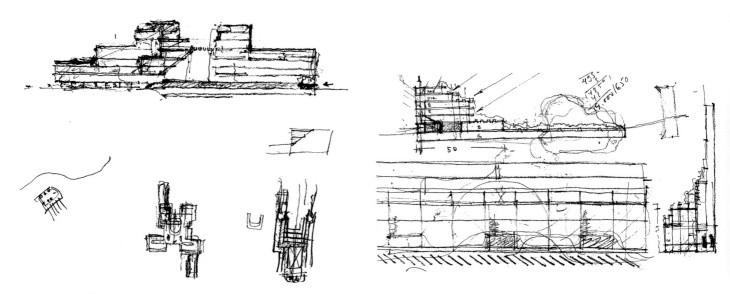

不同阶段的草图（一）

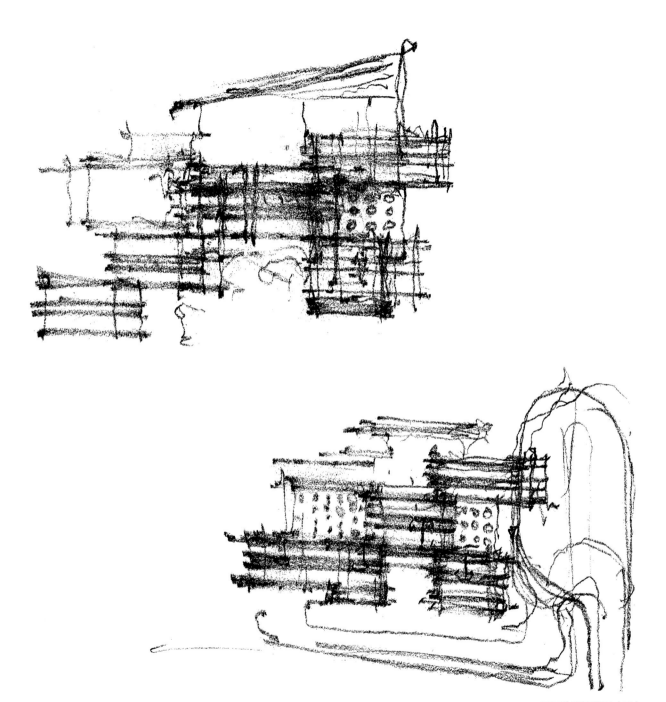

不同阶段的草图（二）

都灵费列罗仓库与办公楼原型

1966—1967 年设计

都灵费列罗仓库与办公楼原型（Prototype for Ferrero Warehouse and Office Building in Turin）的设计意在为费列罗公司的分支部门与各地分部的建筑设计创造一个原型。

办公与仓库建筑在任何一种既定环境下都要位于邻近机动车出口的位置上，每座建筑都采用相同的设计手法，意在使建筑成为公司的象征。

建筑的建造将完全使用预制构件，并依照分支机构的大小，缩减与扩大规模。

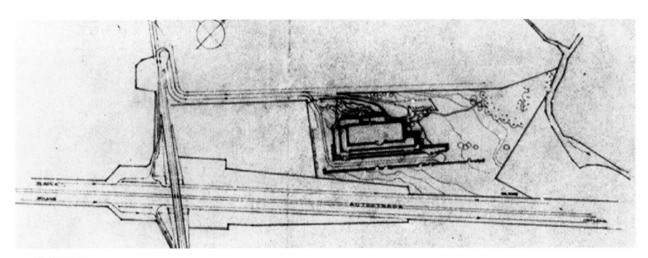

原型的总平面图

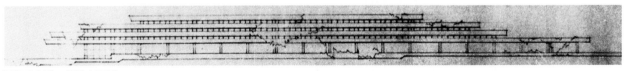

沿机动车道一侧的立面图

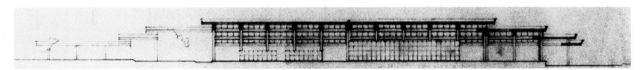

仓库的纵向剖面图

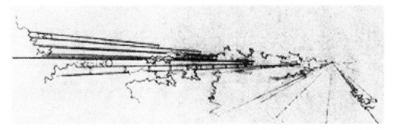

从机动车道看建筑的透视图

仓库的室内透视图

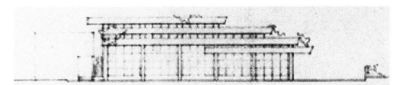

侧立面图

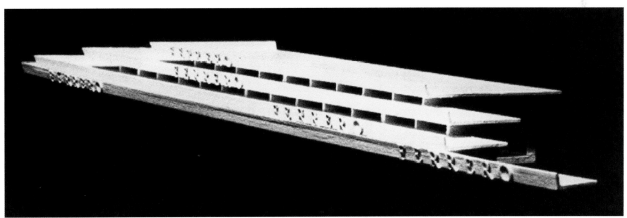

面向机动车道一侧的模型

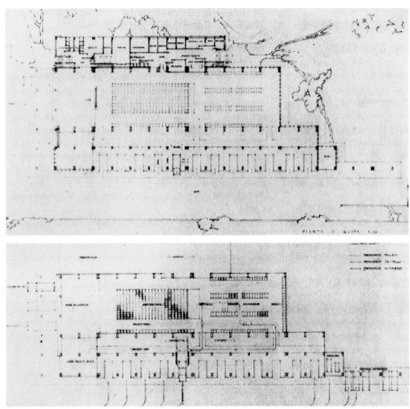

平面图：从上到下依次是办公室、仓库与装货坡道

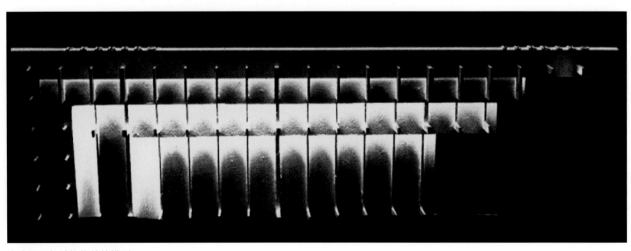

室内屋顶与结构构件的模型

赫尔辛基塞克塔罗市立电业公司行政办公楼

1967—1970 年设计，1970—1973 年实施

赫尔辛基塞克塔罗市立电业公司行政办公楼（Administration Building for the Sähkötalo Municipal Electricity Works in Helsinki）是一个现有的建筑与新建建筑完全结合在一起的范例。它位于卡姆皮（Kampi）区域，依照 1961 年的规划，这一区域是赫尔辛基新中心的组成部分。旧建筑所具有的全部功能依原状保留了下来，其中有一些作为扩展被容纳到新建筑之中。在一层平面有大的入口门厅，有公众可以进入的商业设施。

这个大厅通过内部庭院天花板上的天窗获得自然采光。

顶层平面是员工所需要的公用设施，还包括小卖部，与大型的屋顶花园相连接。

水平的天花构件在建筑的新旧部分都延续着，形成了在整个综合建筑中可见的统一元素。

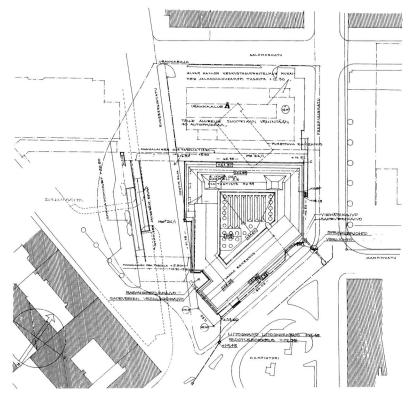

总平面图

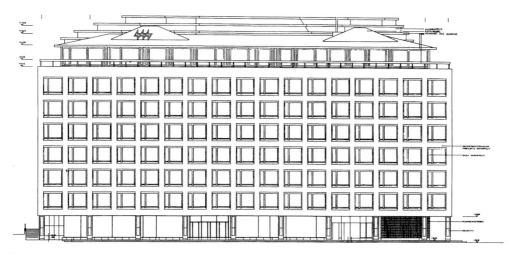

附加部分的新建筑入口立面图：窗下墙与结构部分是铜质的护墙板

立面实景

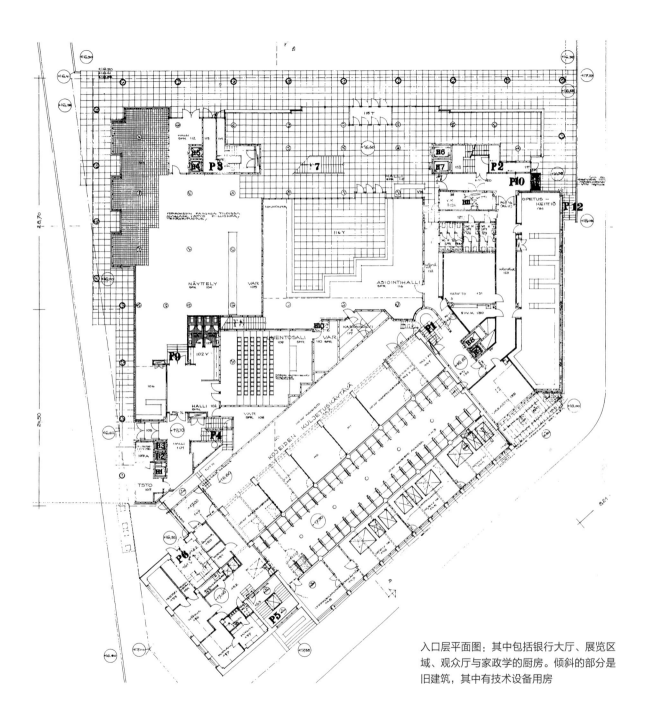

入口层平面图：其中包括银行大厅、展览区域、观众厅与家政学的厨房。倾斜的部分是旧建筑，其中有技术设备用房

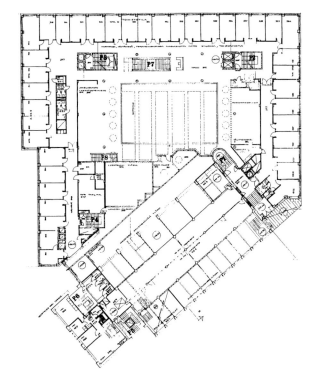

一层平面图

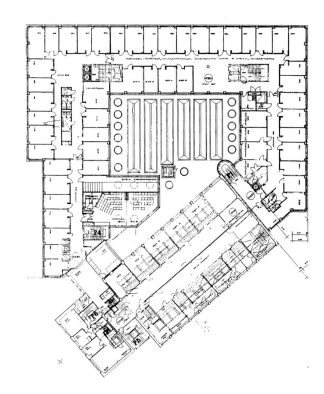

带办公室的标准层平面图

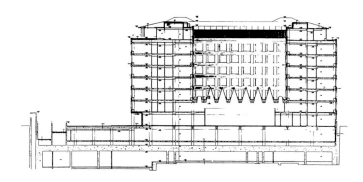

包括银行大厅的新建部分的剖面图

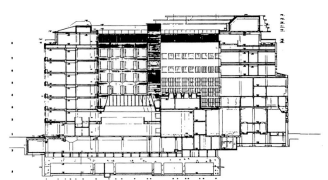

新旧部分入口与银行大厅的剖面图：右侧是旧建筑

银行大厅及其天窗与
一层的画廊。墙面是
特殊的陶瓷砖

屋顶花园实景

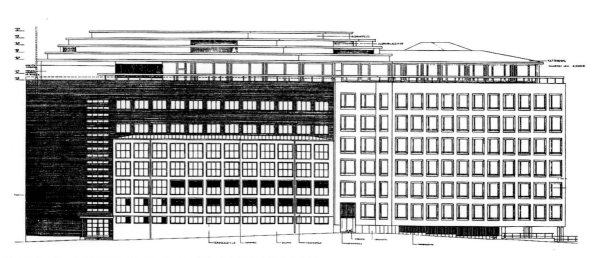

立面图（一）：左侧是旧建筑部分，混凝土框架上有着突出的窗户构件

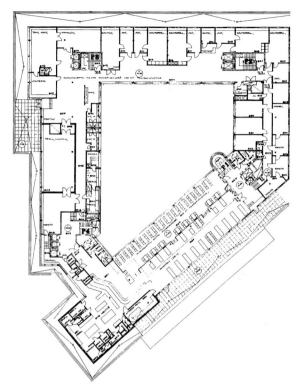

屋顶花园及员工餐厅与各种课程、商务洽谈等的房间平面图

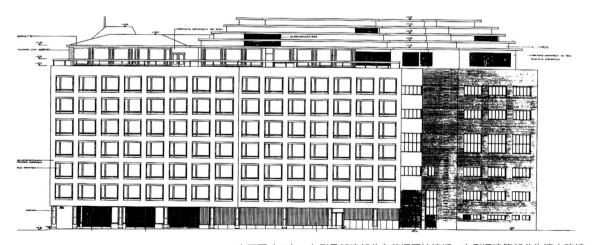

立面图（二）：左侧是新建部分有着铜质护墙板，右侧旧建筑部分为清水砖墙

立面实景（一）

立面实景（二）

立面实景（三）

恩索 - 古特蔡特总部办公楼扩建

1974—1976 年设计

位于赫尔辛基的恩索 - 古特蔡特（Enso-Gutzeit）组织的总部办公楼于 1960—1962 年建造，现在准备扩建。

最初的扩建设想是考虑拆除旁边的旧建筑，这样扩建部分就可以直接与在 20 世纪 60 年代初建立起来的建筑群体联系起来。

但当这个方案正处于设计阶段的时候，赫尔辛基市政当局的历史纪念性建筑保护部门出台了新政策，要求必须保护古老建筑。

变化后的要求衍生出一系列新的想法，扩建部分被考虑成一个独立的综合建筑，因此，立面的比例与划分可以自主设计，并仍要与现有的总部办公楼的设计相协调。将目前相互分离的建筑联系起来所受到的制约性因素，一部分来自地下室，另一部分来自现在作为历史纪念而保护起来的建筑的地上层，不能破坏它的外观。与现有的总部办公楼不必保持完全一致，原来的建筑表面是白色的大理石，现在被分离开的新建筑表面可以采用其他的材料。但仍然还是要与白色相协调，古典主义风格的集市区也就不再是必须考虑的因素了。基于以上判断，在设计立面的细部时，部分细节通过较深的阴影处理与近邻的海港区域保持协调。

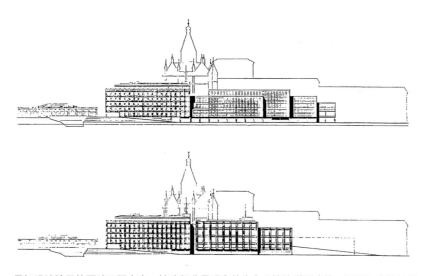

最初设计阶段的两种不同方案：扩建部分是现有的主办公楼的附属建筑，否则旧建筑就要被拆除掉

主办公楼于 1960—1962 年期间建造：立面是白色大理石板材（参照第 1 卷）

以下几幅图是五个不同方案中的三个，其中可以追溯到 19 世纪的旧建筑都保存完好。扩建部分的内部组织在所有的不同方案中都是相似的，因为这是由功能所决定的。仅仅是在建筑体量的设计、结构的尺度与立面的细部中有所不同

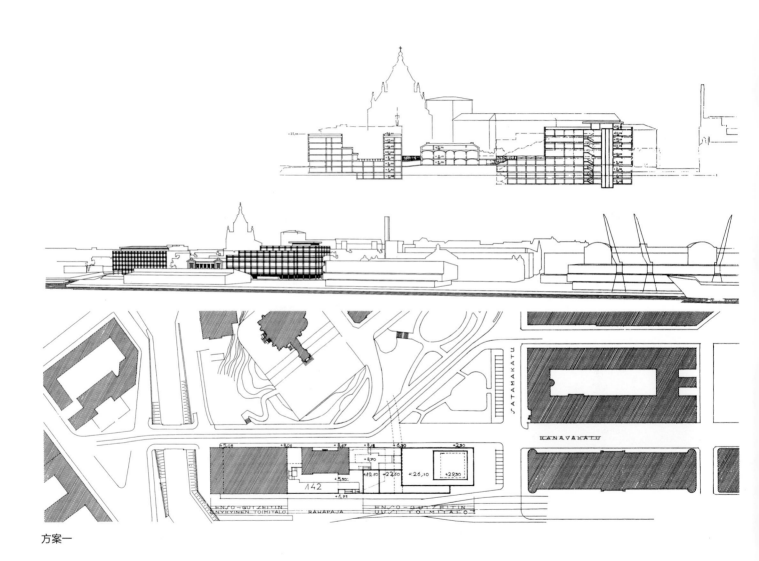

方案一

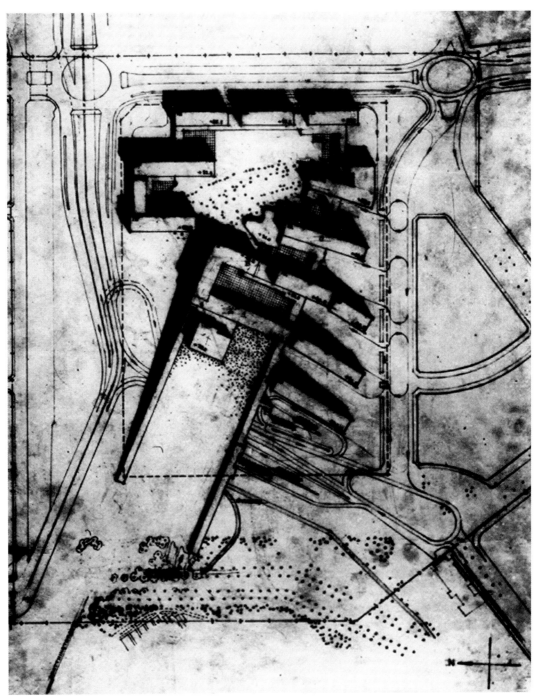

最后阶段的总平面图：仍为各个部分留有扩建的空间

105

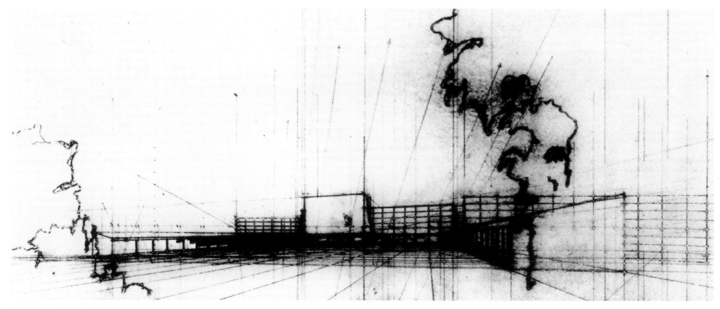

从坡道看向市政厅的透视图

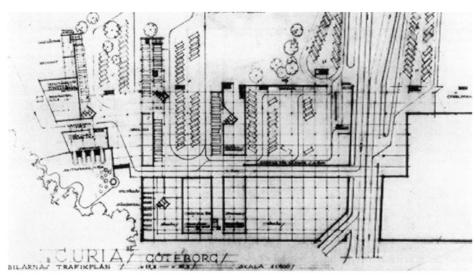

机动车辆由步行坡道进入地下层标高

马尔市政厅

1957 年竞赛

位于德国的马尔市政厅（Town Hall in Marl）项目试图通过特殊的形式组织方法来解决基本的代表性问题，将独立的综合建筑体相互联系在一起，用这种方法获得开敞的广场，并与机动交通相分离，而面向邻近的公园敞开。

行人穿过公园进入市政厅与其内部抬升起来的广场，必不可少的重型机动交通移至街道处，沿街道布置的行政管理部分则设计成为其他办公建筑的保护屏障。

有着大型报告厅的市政厅通过高度与形式的设计被特别地强调出来，并且它的轴向指向市中心。

一座市政府的办公楼绝不仅仅是一个普通的办公组团，在广泛领域内的不同重要程度的不同功能都要在外部表现出来，这些还是在没有试图追求几何形式上的纪念性的情况下提出的要求。这座"建筑"应该与周围现有的建筑、美丽的花园紧密地结合在一起，并将令人乐于接近的广场留给城市中的所有的人们。

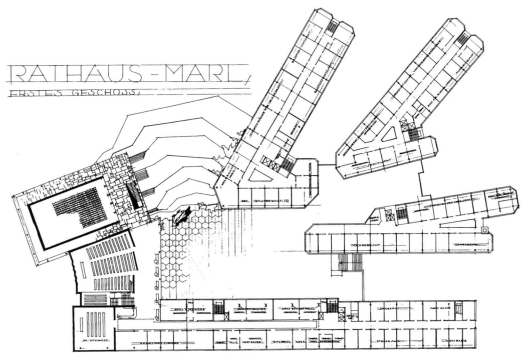

一层平面图：左侧是政务会大厅，为了应对各种类型的特殊情况，它也可以经由下一层的市政厅的地下入口进入。大小报告厅与代表团用房与市长办公室直接相连。其他的行政办公部分与广场不发生联系，可以经由公园进入

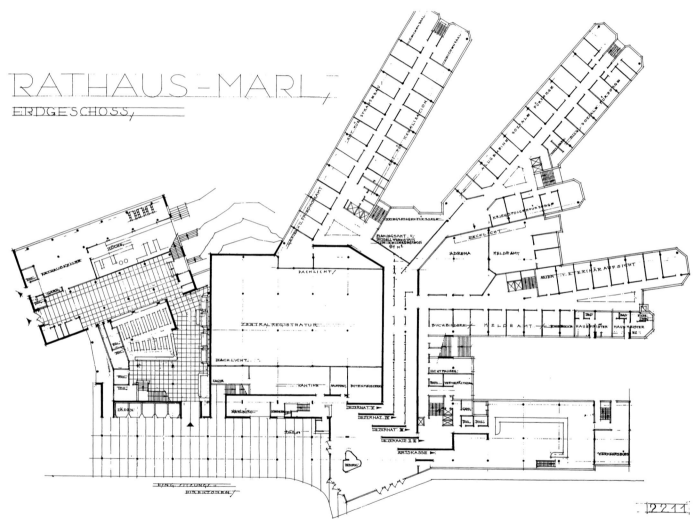

RATHAUS·MARL,
ERDGESCHOSS,

入口层平面图：左侧，在政务会大厅下方，是市政厅的地下室与市议员的入口；中部，中央档案办公室。主入口大厅的组织，就像巴格达（Bagdad）与设拉子（Shiraz）博物馆中的组织一样，用这种方法可以一眼看清各个部门所在的位置。因为是在地下室，人们选择自己的行为，或"逗留"或穿行都是通过正确的入口，这样就必然能够到达所期望的目的地

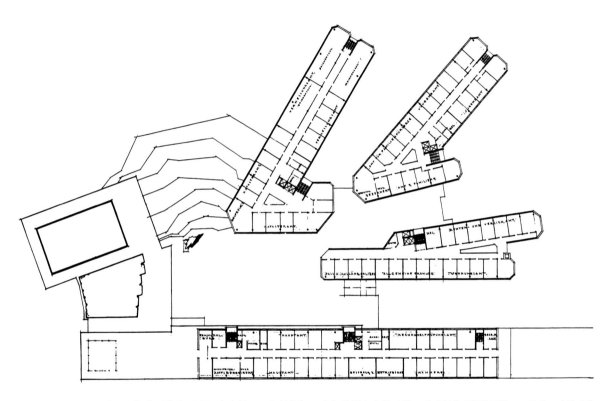

二层平面图：这一层与随后的上层平面中容纳了不同的部门，它们依据各自的功能、公共性与重要性而相互联系。建筑中相对接近以及斜对角位置的部分，对于那些工作在那里的人来说，是可以看到其他不同部门的空间，这样的设计给人一种各个部门属于一个统一整体的心理感受

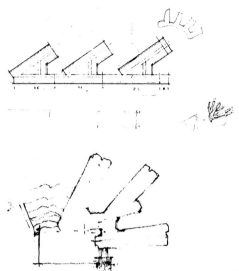

初步方案的组织与概念草图

总平面图与带报告厅的市政厅的立面图：汽车沿街道一侧停放，步行者经由公园进入市政厅

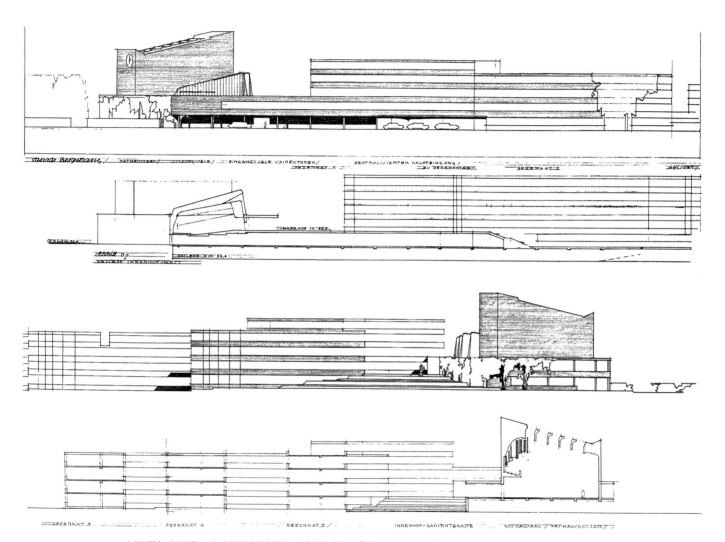

剖面图与立面图：主建筑的材料是清水砖墙与铜。"铜与砖日久会更美丽，就像树一样，人们可以在其中读到岁月流逝的痕迹。"

哥德堡 "陶各特女王" 中央火车站

1956 年竞赛，一等奖

瑞典的哥德堡"陶各特女王"中央火车站（Drottning Torgrt Central Station in Göteborg）方案背后的主要理念是将不同类型的交通要道与运输形式结合在一起，汇入瓶颈地带，形成一个"交通机器"系统。

在哥德堡的这座火车站，因其与城市之间特殊的位置关系，它已不仅仅是一座火车站，而首先是一个中心，是不同形式的交通交汇的中心。在这一点上汇集了铁路、步行人流、公交线路、有轨电车、机动交通与出租汽车，同时也是与航空旅客联系的枢纽。大多数交通系统中的弱点是从一种交通形式到另一种交通形式之间的转换问题，它们并没有很好地解决。在哥德堡的方案中对于这个问题的解决极其重要与必要。

这个方案试图通过一种"交通机器"系统解决交通问题，就像一个会议中心，在其中可以有组织地从一种交通体系转到另一种交通体系。

没有大量地占用地面空间，没有坡道或坡道系统，交通的问题是不可能解决的。结果就是将各种交通体系一提升到与桥梁一致的标高上，减少其他惯常出现的分支桥梁建造。不同的交通层同时也构成了火车站的屋顶和停车场的屋顶等。

建筑群中相对敏感的部分，作为工作环境来说，那里必须安静，但是它会受其上通过的交通干扰，这些部分都被从沉重的建筑结构中分离了出来。这些部分构成了独立的建筑单元，有着自己的支撑结构，因此交通层仅仅形成了一种伞式的遮蔽屋顶。这样，火车站中央大厅的玻璃穹顶与相对小一些的天窗都有着独立的钢结构支撑，以避免震动的干扰。

倾斜的交通表面上有着密集的活动，构成了交错的协和广场（Place de la Concorde），或者说它就像航空母舰的甲板，而在那里交通的强度对于人们没有干扰。同时，在这一高度上的城市可以表达出都市紧张生活的视觉景观。当我们从远处望的时候交通是令人愉快的，但是当它无序地混入人类生活的时候，就会令人非常不悦。

这个方案的另一个重要的基本原则是这座"交通机器"的不同部分与不同建筑可以分期建造，现有的社区、住宅与街道不必改建或拆除。

然而，这个方案是基于对城市结构的长期改造。我们这里提出的这种高度集中的交通体系届时会受到更加有机的总体规划体系要求的影响，因为人们，即便是在忙碌的商务中心中的人们，也希望换个环境，他们希望以此来达到目的，即机动车辆与步行流线分离得越远越好。

阿尔托曾说：

"……铁路与汽车和出租车之间的联系在这里必须予以特别关注。关于这方面，伦敦的火车站或许是理想的，例如维多利亚火车站。就像所有的人都知道的那样，在那个火车站中一条公路沿着快速火车的月台直接到达停车篷下。出租车站与卧铺车厢仅相隔六步远。如果所有的火车站台都像这样，那么将会非常理想，然而因为空间的限制很难做到这样。

在这个方案中，仅仅在一个月台上可以实现上述理想。

几乎世界上所有的火车站都会遇到搬运工不足的情况，而现在则还会遭遇到出租车无法进入的情况：这就需要警察管理等候的队列以及管理在不适宜的场所长时间等待的情况。没有警察的管理也可以解决类似的问题。法国的体系无疑是最好的，这就是说，在火车站如此之长的车行道上，出租车与私家车可以到达旅客的出站区域，而不需要警察的组织。在这个方案中为私家车与出租车设置的通道沿着火车站建筑大约延续了400米……"

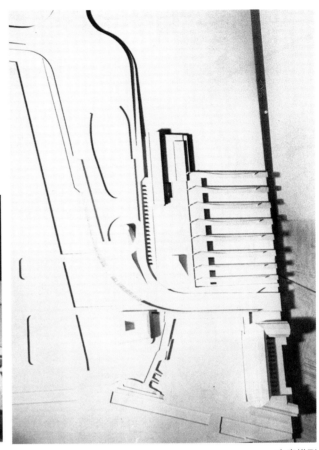

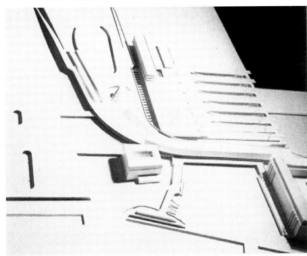

竞赛模型

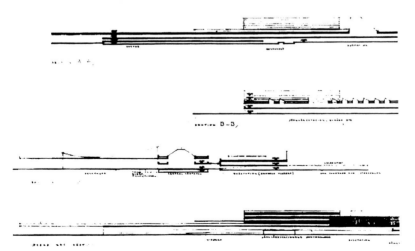

纵向剖面图与横向剖面图

最终的总平面图

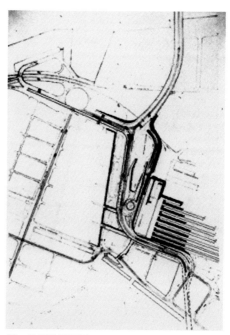

第一阶段总平面图

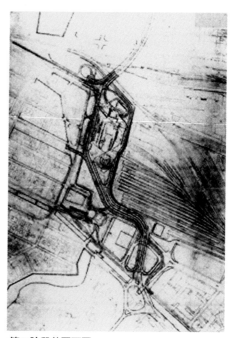

第二阶段总平面图

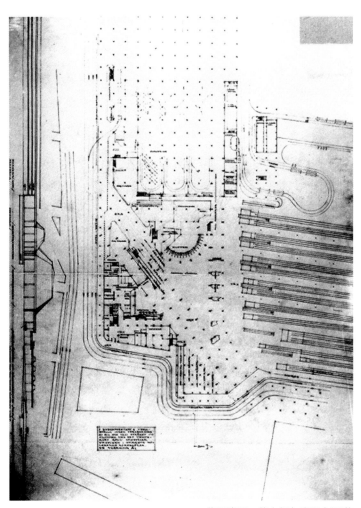

售票窗口、停车场与出租车通道

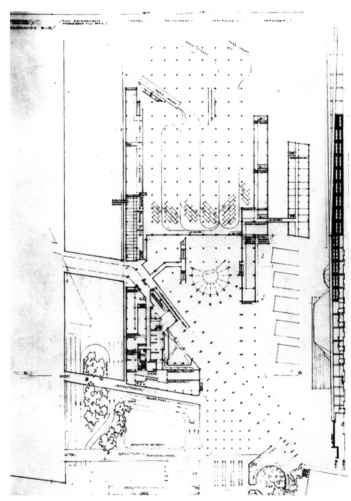

在售票窗口标高上的一层平面图：其中有第二停车场、与公交车联系的桥梁、有轨电车与步行平面

115

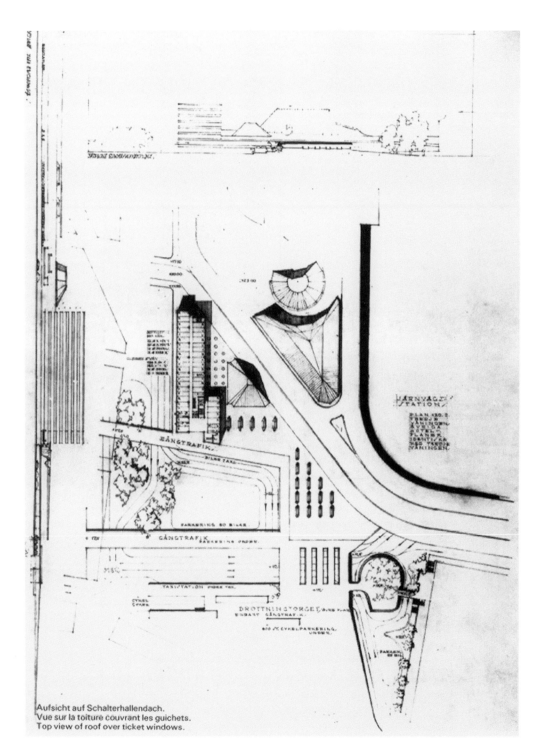

Aufsicht auf Schalterhallendach.
Vue sur la toiture couvrant les guichets.
Top view of roof over ticket windows.

售票窗口的屋顶平面图

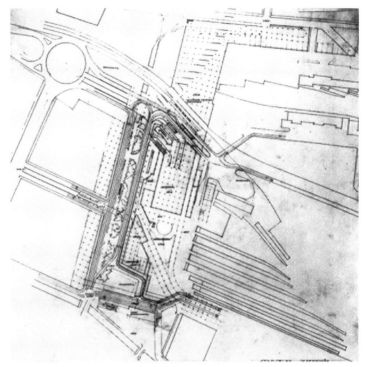

售票窗口层平面图

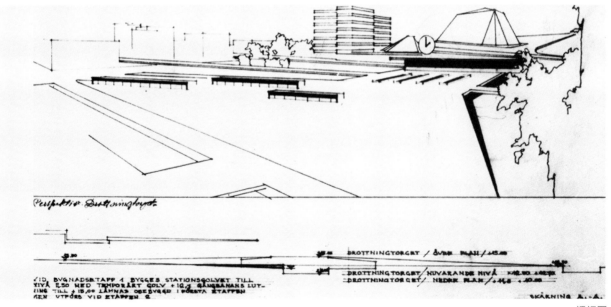

透视图

都灵旅馆、会议与办公中心

1964 年设计

位于意大利的都灵旅馆、会议与办公中心（Hotel, Congress and Office Building Centre in Turin）这个建设任务并不是在初步规划阶段的基础上开始进行的。

要在都灵市中心的一个典型街区建造一座旅馆、会议与办公中心。

商店与办公楼规划在市中心繁忙的街道一线，150 个房间的旅馆则面向安静的内部花园。

这个建筑群是一个开口朝南的"U"形，会议设施放在前边，在对角线方向有一条步行道与现有的花园相联系。

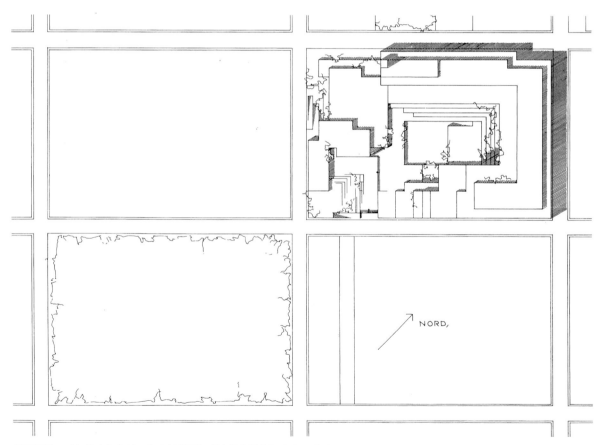

总平面图：对角线方向的敞开在内部花园与现有的公园之间建立了联系

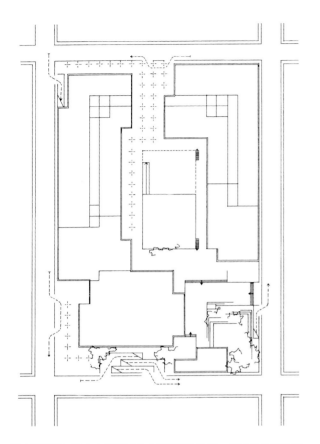

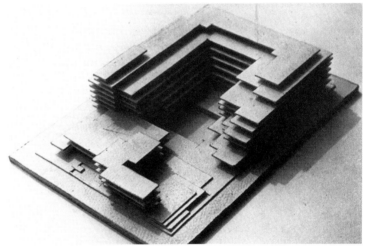

研究模型

概略平面图：整个内部区域完全都是用作步行，机动车控制在基地周边或者经由坡道到达地下车库

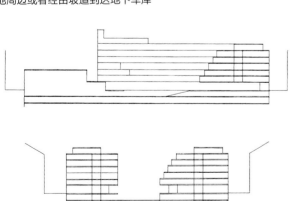

纵向剖面图与横向剖面图：旅馆设置在建筑群中台阶状的部位，面向内部花园

于韦斯屈莱师范大学体育系

1967—1968 年设计，1968—1970 年实施

于韦斯屈莱（Jyväskylä）师范大学体育系这座建筑也是原来 1950 年获奖的竞赛设计的一部分。在这所大学中的建设工作于 1953 年进行（参照第 1 卷）。体育系是这所大学中一个独立的学院。

它位于原教育学院内庭院的远端，标志着整个大学建筑群的边界。

这座建筑包括实验室与研究设施、报告厅与研讨室以及一间小型的学生门诊部。

体育馆的设计满足球类比赛、器械体操、女子体操与芭蕾舞训练等。

体育馆还可以服务于城市运动协会的活动并能承办普通运动会。

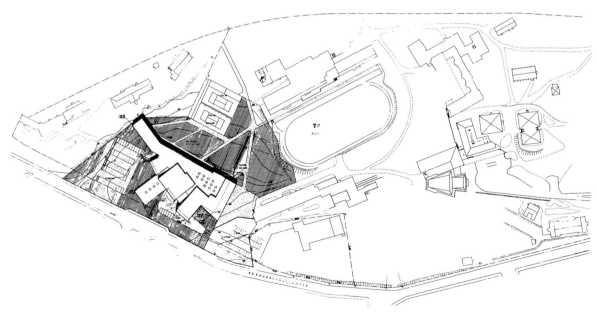

总平面图

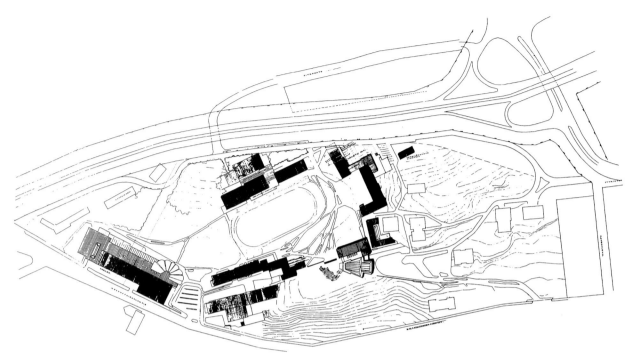

附加要求后第一次扩建提案的总平面图

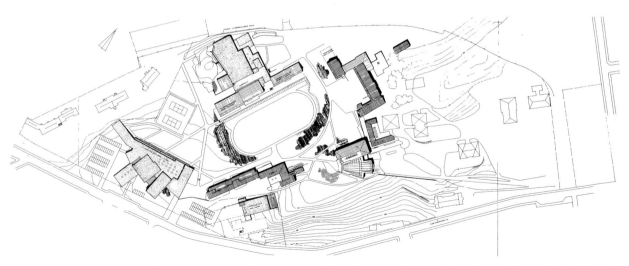

实施的总平面图：用点填充的建筑是已经完成的最新扩建部分。左侧是体育系馆，上方边缘是新建的大型室内游泳池。原教育学院的空间组织被保留了下来（参照第 1 卷）

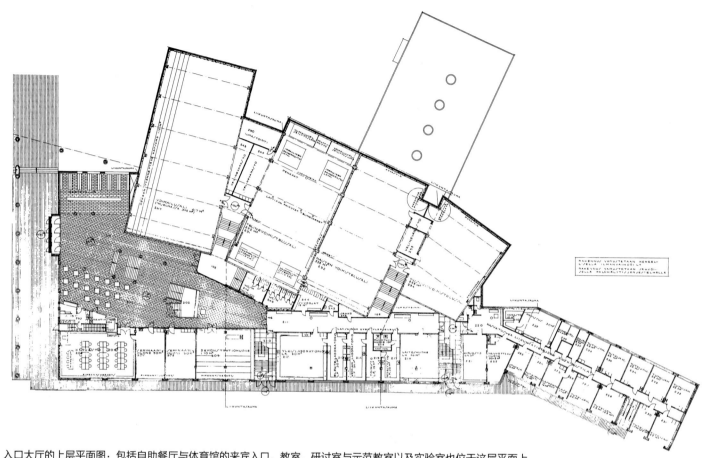

入口大厅的上层平面图：包括自助餐厅与体育馆的来宾入口，教室、研讨室与示范教室以及实验室也位于这层平面上

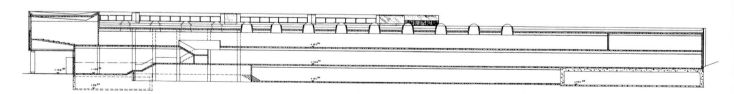

入口门厅与报告厅的剖面图

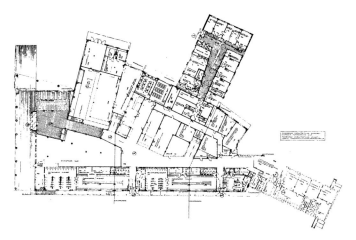

入口及衣帽间层平面图

顶层平面图：其中有报告厅

东北方向的立面实景：视点在内部庭院，右侧是原有的室内游泳池

入口立面外观

入口立面图：上层是报告厅

体育馆实景：外墙面被粉刷成白色

体育馆立面图

入口大厅：楼梯通向研讨室，并且由那里通向报告厅

入口大厅与楼梯不同角度的实景

于韦斯屈莱师范大学室内游泳馆扩建

1967—1968 年设计，建造周期：第一阶段 1962—1963 年；第二阶段 1973—1975 年

新建的室内游泳馆是于韦斯屈莱师范大学体育系新系馆的一部分。它是现有的室内游泳馆的扩建部分，老的室内游泳馆最初是属于教育学院的（参照第 1 卷）。

新建的室内游泳馆建筑综合体可以对普通大众开放，也可以服务于地方的游泳俱乐部。大型的游泳比赛也可以在这里举行。

在开敞平面中的不同尺寸的游泳池在空间上被分离开来，这保证了在同一时间内的指导与训练不会相互干扰。

立面细部实景

看向大游泳池以及抬升起来的小游泳池：结构构件与墙都是框架混凝土，地面与游泳池铺着瓷砖。因为声效的原因，纵向梁之间的天花板是木质的格栅

纵向立面图（一）：左侧是原有的室内游泳馆，右侧是新建的大型室内游泳馆

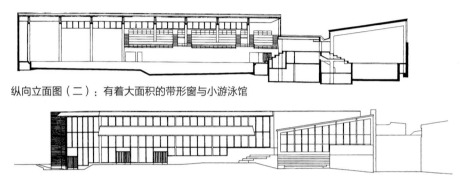

纵向立面图（二）：有着大面积的带形窗与小游泳馆

剖面图：大型室内游泳馆以及右侧原有的室内游泳馆

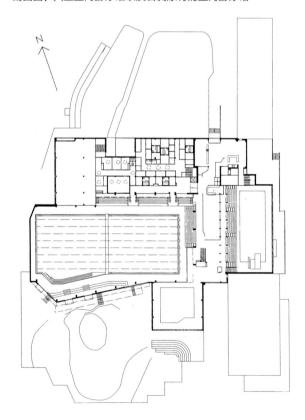

平面图：右侧是原有的室内游泳馆。大型游泳池为 50 米长。日光浴室附属于新建的游泳馆

小游泳池与通往阳光浴室的门

大型室内游泳馆建筑的内景：看向观众席与原有的室内游泳馆

奥塔涅米工学院水塔

1968 年设计，1969—1971 年实施

这座水塔是为奥塔涅米工学院（Institute of Technology in Otaniemi）而建。它坐落于一块高地上，在树木繁盛的区域之间。

下面是阿尔瓦·阿尔托与卡尔·弗雷格在 1969 年夏天的对话：

阿尔瓦·阿尔托： 在我的国家几乎所有的小城镇中占支配地位的都是一座高高的水塔。城镇的天际线不再是由市政厅、教堂或其他显赫的建筑所确定。最显著的要素是水塔。然而，水，绝不是人们可以称为文化因素的东西。这些水塔的建造包含着全部类型的装饰性设计，以努力为每一个城镇提供一个自己的"大教堂"。旋转餐厅、眺望

总平面图

平台，事实上甚至艺术画廊也被安置到了其顶部。水塔看起来就像巨大的花朵，装饰在混凝土的外表面，在远处很大的范围内都可以看到它矗立在城镇上方。

由此，我们可以看到在建筑中运用的艺术手段所带来的影响是多么得有害。正如我曾经建议过的，我们不能将一个与水的供应有关的东西建造成为一座纪念碑，水不能象征城镇的灵魂。我通常将这类高度装饰的建筑称作"露天应用艺术"。

高度在本质上作为一种几何学上的概念，在城市的天际线中并不能扮演统治者的角色。城市真正的内容是它的文化生活，有没有水塔的存在，在那些不得不居住在这里的人们心中没有任何本质上的不同。

卡尔·弗雷格： 建筑与应用艺术确切的区别是什么呢，是否您所说的是在暗示，建筑师应该更多地关注建造问题，一种被赋予了文化意义的建造问题？

阿尔瓦·阿尔托： 应用艺术设计的危害随处可见。一座规模不大的小房子，在其中人们可以真正生活，虽然人们也需要水，但对于我来说更可取的是这种房子，而不是华而不实的水塔。

卡尔·弗雷格： 现在更加清晰了，那就是将人们及其环境的精神与文化方面表达出来也是建筑师的责任。

阿尔瓦·阿尔托： 然而，高度与此是根本没有关系的。

卡尔·弗雷格： 但是，即便如此，一座建筑也可以高。

阿尔瓦·阿尔托： 是的，当然，但是它也同样可以很低。

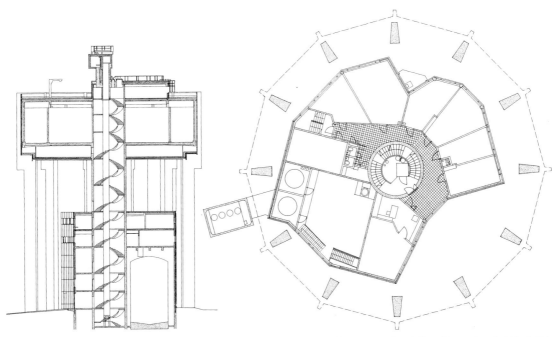

剖面图：屋顶发展成为一个体验平台，在不同的
高度上都有观景台

平面图："房子"被灵活地放置在柱子之间，除了容纳技术设施
外，其中还包含了工学院所使用的各种与水有关的实验室

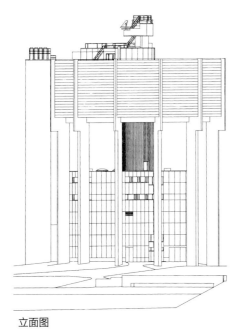

立面图

鸟瞰图：水箱的形状是十二面体，每一个角度上都有一根柱子，形
成了支撑结构

外立面实景（一）

外立面实景（二）：水箱与实验室的外墙是由预制混凝土构件组成，带有隔热层

拉赫蒂教堂与教区公众会堂

1950 年竞赛，一等奖

拉赫蒂（Lahti）教堂第一个方案产生于一次常规的设计竞赛。这个方案没有得到进一步的发展。将这座教堂设计成为轴向纵深形式的想法与塞伊奈约基（Seinäjoki）教堂相似，塞伊奈约基教堂是同一时期设计的，并且已经建造（参照第 2 卷）。

与塞伊奈约基教堂相对比，这里的入口轴线导向教堂前的广场，前广场高于街道标高，在这座广场中只有钟塔在起控制性的作用。这座钟塔被设计成一个地标，其体量占总体的比例较大，在很远的地方、很广的范围内都能看得到，其巨大的表盘用以象征容易消逝的时间。

用于各种教区活动的功用性用房，被安排在街道另一侧独立的建筑中。一座桥，跨越街道，提供了通往教堂前广场的途径。

教堂的排布尽可能地贴近街道，长长的凹入部分提供了一条可以遮风避雨的人行道。

这是在努力将街道加入整个教堂建筑群体的理念中来。非常明显的两部分——教堂与教区大会堂形成统一的整体。

总平面图

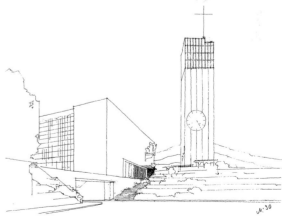

剖面图

透视草图：从街道标高看向教堂的主入口、钟塔与步行通道

教堂的透视草图：有着特殊形式的混凝土框架柱

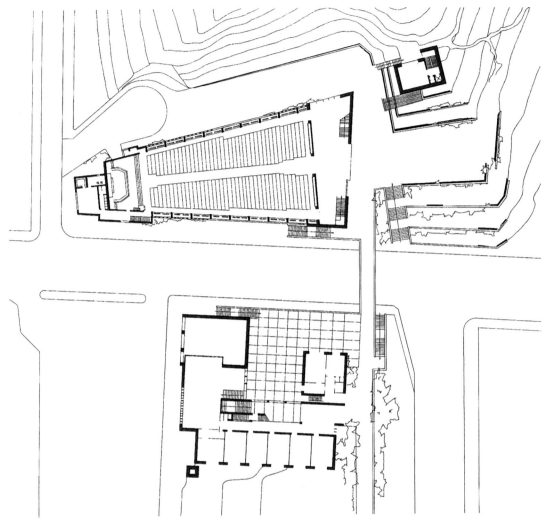

平面图：其中包括钟塔与教堂前广场、门廊与教堂正殿。穿过街道，是教区活动用房

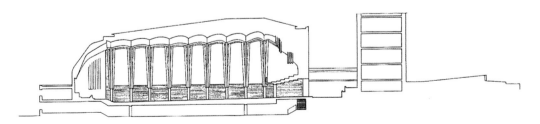

正殿与钟塔的纵向剖面图

沿街道一侧面向教堂的立面图：墙的构造是清水砖墙

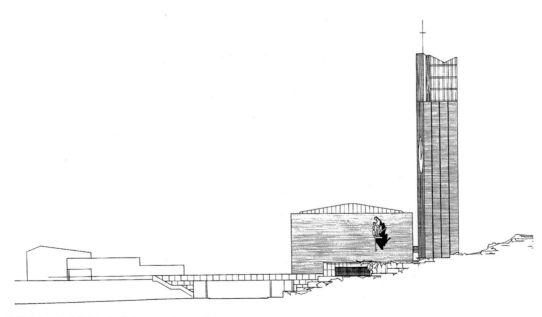

教堂主入口与步行桥一侧的立面图：左侧是教区用房

拉赫蒂教堂

1970 年设计，建设中

拉赫蒂（Lahti）教堂目前正在一块与早期竞赛项目所不同的基地上建造着。

拉赫蒂的旧城中心位于街道广场的规划范围之内。

主要的大道从位于山谷中的集市广场，沿两侧通向山顶。一侧的天际线是由 E·沙里宁（E. Saarinen）于 20 世纪初设计的市政厅所决定的。城市要在另一侧建造一座新教堂，创造另一个建筑的强音，教堂将与市政厅一道界定城市的中心。建筑就是在这个目标的基础上建造的，在所有的视角上都将能够看到它，它在建筑群体中的比例被有意地放大。钟塔本身并没有独立地耸立在教堂旁边，而是从教堂建筑中"生长"出来，起到宗教的象征意义。因此钟塔最初设想的高度被降低了（参照第 2 卷）。

教堂可容纳大约 1100 人，有着 52 个音栓的管风琴，其设置远离楼座，并因礼拜的原因接近圣坛。

模型：表现了教堂的室内、楼座与管风琴

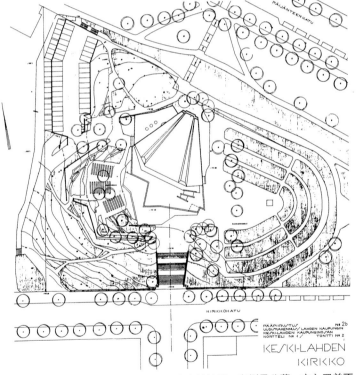

总平面图：靠近主入口的左侧是一个室外教堂，右侧是公墓。主入口并不在街道上——集市的轴线，而在街道轴线上的是位于入口墙上的彩色玻璃十字架与教堂室内的圣坛

街道轴线的剖面图：中央是集市，左侧是市政厅，右侧是新教堂

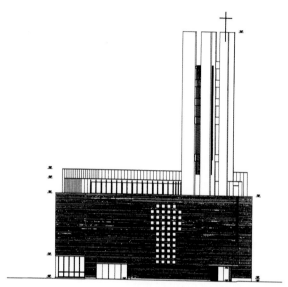

南立面图：主入口，彩色玻璃的十字架位于街道的轴线上，当太阳转到南向时，十字架照亮了前教堂

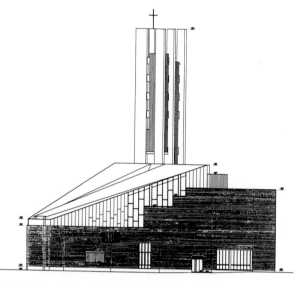

北立面图：在正殿以及圣器收藏室与小礼拜堂的入口处有着巨大的西向玻璃窗。墙是深红色的清水砖墙，屋顶是铜质的，钟塔为混凝土框架结构

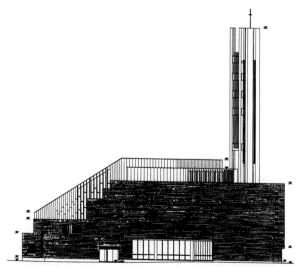

西立面图

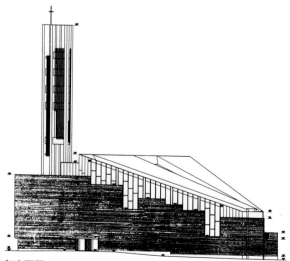

东立面图

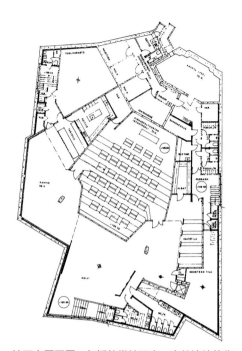

地下室平面图：包括教堂地下室、宗教法院的集会室、自助餐厅与大型多功能厅

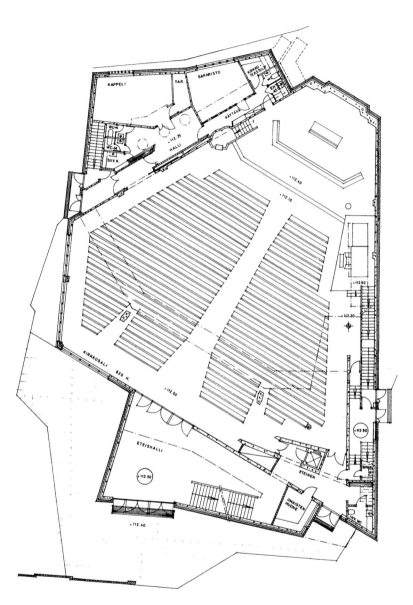

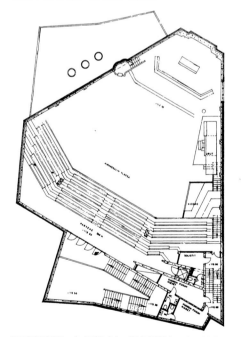

顶层平面图：包括楼座与唱诗班平台

主层平面图：其中包括两层前教堂与上楼座的台阶、带圣坛的正殿、圣餐桌与音乐会管风琴。有独立的入口通向残疾人使用的电梯，另一个入口通向教堂地下室与楼座上的唱诗班平台。圣器收藏室与小礼拜堂也可以经由独立的入口进入

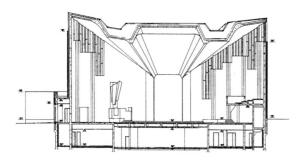

看向圣餐桌与圣坛的横向剖面图

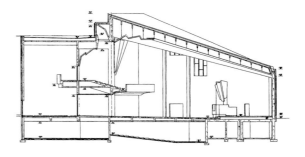

看向圣坛的入口、前教堂与楼座的纵向剖面图

研究模型：关于屋顶不同做法的提案

教堂的南立面实景：仍在建设中。由彩色玻璃窗形成的巨大十字架位于
主要街道的轴线上，并为入口大厅提供了采光

东立面实景

室内细部：窗户、墙与模制天花板

立面局部实景：建筑的砌筑是由深红棕色的砖构成的，尖顶是混凝，屋顶上部结构的
表面是轻质钢材

波洛尼亚里奥拉教堂与教区公众会堂

1966—1968 年设计，建设中

位于意大利的里奥拉（Riola）教堂的主体及其圣器安置所与教区公众会堂的第一部分在 1978 年 6 月竣工。塔、广场、河沿岸的墙与教区长的住宅将会在下一期中建造。教堂（见第 2 卷）位于村庄中心的对面，并可以经由一座古老的桥梁到达。在 1966 年，决定依照改革后的礼拜仪式所要求的新功能建造这座教堂。

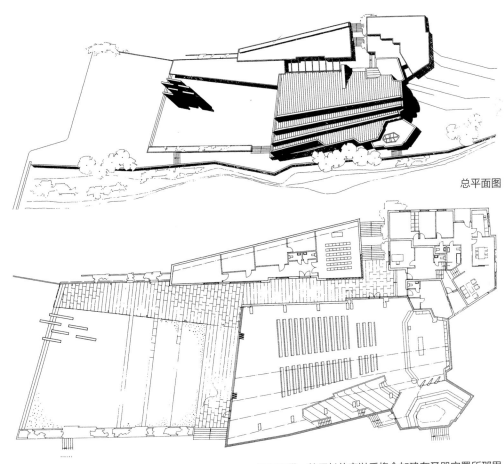

总平面图

一层平面图：教区长住宅以后将会加建在圣器安置所那里

143

方案设计的室内模型

从村庄一侧看到的正在建设中的主体建筑

从桥上看到的场景

唱诗班与通向管风琴的楼梯细部

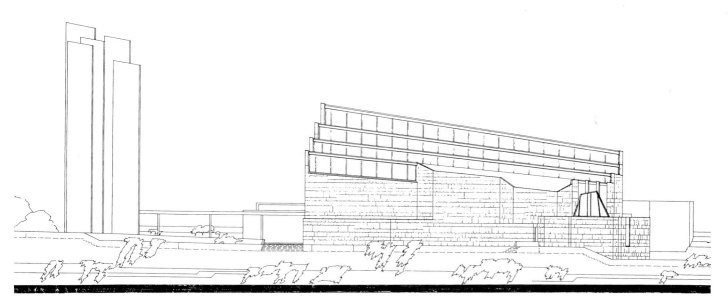

从村庄一侧看到的立面图

入口立面实景：有着巨大的入口大门，左侧是拉门"箱"

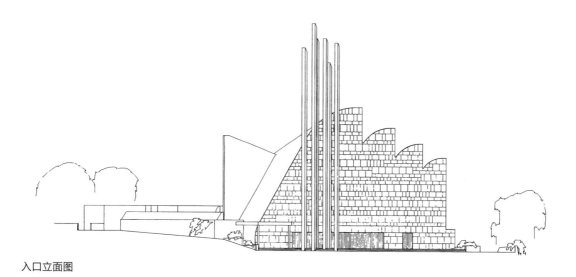

入口立面图

各方向的立面实景：墙面是绿褐色的砂岩板，拉门的屋顶与门箱的表面是铜片

室内实景：支撑的拱与高架的采光壳体都是由预制构件建造的。教堂的内部被粉刷成白色，地面上铺着红色的陶土砖

洗礼池晶状的天窗

洗礼池

看向圣坛的室内实景

巴格达艺术博物馆

1958 年设计

伊拉克的这座巴格达艺术博物馆（Art Museum in Baghdad）是当时政府城市化进程的一部分。弗兰克·劳埃德·赖特（Frank Lloyd Wright）、勒·柯布西耶（Le Corbusier）、格罗庇乌斯（Gropius）与其他的杰出建筑师也在巴格达设计过文化与教育建筑，作为城市进一步发展的定位点。这个建筑设计并没有付诸实施。

奥尔堡（Aalborg）的博物馆与巴格达的博物馆是在同一年设计的。一眼望去，这两座博物馆似乎都是遵照相同的功能理念建造的，但是外观能够体现出的建筑特征仅仅是基于方案的外部比例。

巴格达的博物馆是 1934 年建造的塔林（Reval）艺术博物馆（第 1 卷）理念的进一步发展。"博物馆的特殊布局，使得参观者可以自由选择其想要参观的部分。入口门厅的建筑设计使参观者一旦进入门厅，就可以弄清楚不同展览的入口，也就是说，可以清楚博物馆中各个独立部分的内容。而且博物馆所有的展厅也可以同时通过连续参观的路线相互联系。"

相同的基本理念也应用在 1970 年同样未实现的设拉子（（Shiraz））艺术博物馆（第 2 卷）中，但是试图使用了扇形的概念。

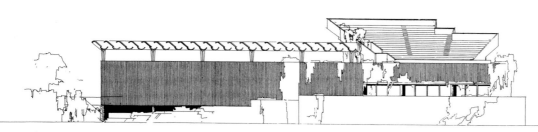

宣礼塔公园（Minaret Park）一侧的立面图：其中包括报告厅的入口。立面石墙的表面是深蓝色的半圆形瓷砖。屋顶花园上的阳光反射体与圆形剧院清晰可见

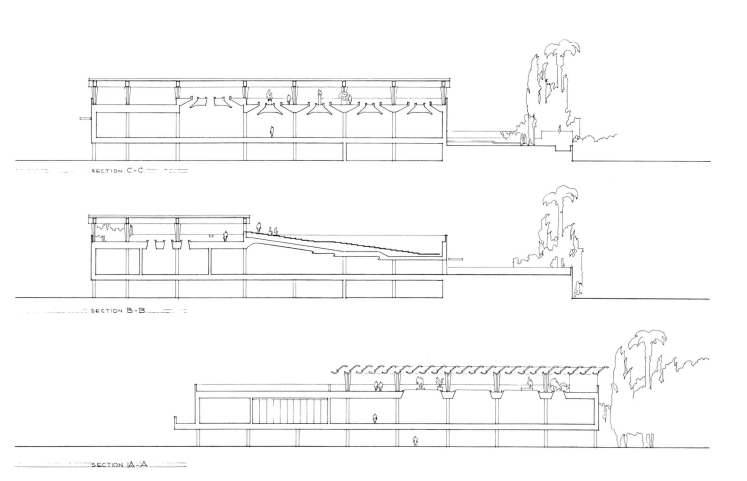

SECTION C-C

SECTION B-B

SECTION A-A

博物馆与屋顶花园的横向剖面图与纵向剖面图：屋顶花园的大部分都覆盖以特殊的阳光反射体。这样强烈的阳光就会被反射，室外雕塑区域获得了遮蔽，博物馆的天窗获得了均衡的阳光。在夜晚，设置在天窗之间的雕塑，可以通过天窗获得泛光照明

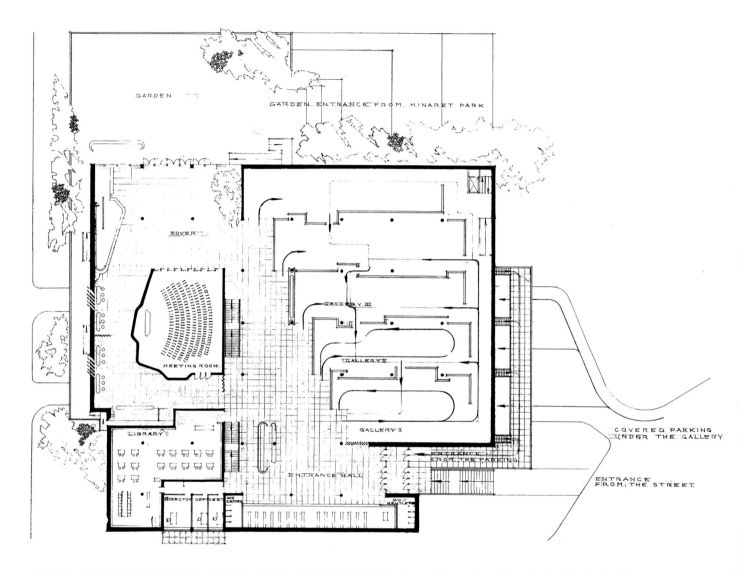

主层平面图。博物馆中的展览用房可以由街道进入。台阶将人们从下部的停车场导向入口。观众厅与屋顶花园在特殊的时候，提供由宣礼塔公园进入的入口。在入口大厅中可以马上看到展厅的入口。报告厅旁边还有一间图书馆也在这一层。靠着墙的楼梯通向屋顶花园

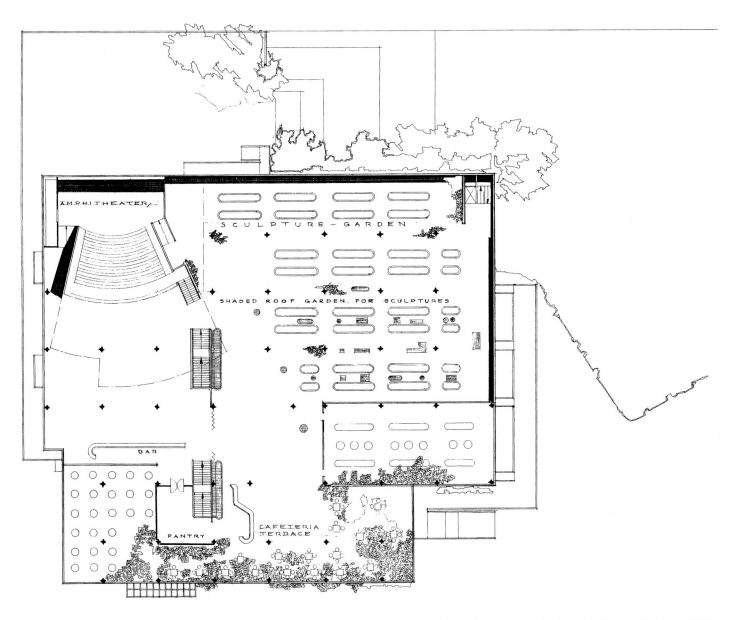

屋顶花园层平面图：在屋顶上设置了有遮蔽的室外雕塑区域以及自助餐厅与半圆形剧场。屋顶花园可以用于各种不同的目的，甚至包括与博物馆没有关联的活动

赫尔辛基莱蒂恩私人博物馆

1965 年设计

赫尔辛基莱蒂恩私人博物馆（Lehtinen Private Museum in Helsinki）最初是要容纳委托方的私人艺术收藏，也可以对公众开放。还设想用于不同时代的艺术家的临时展览与文化活动，例如报告、研讨会，诸如此类。

委托方在 1938 年纽约世界博览会 (New York World's Fair) 的时候，是芬兰领事并且是世界博览会的委员。为了纪念这次活动，将会部分地重建芬兰馆中波浪状的展墙。

这座博物馆将会建在一座历史久远的古典主义别墅旁边，其位置是在赫尔辛基外的小岛上，位于大海旁边的公园中。

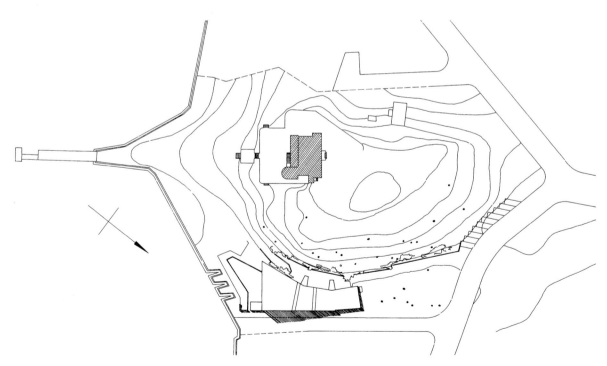

总平面图：中央是历史久远的古典主义别墅，位于泊船码头的轴线上。博物馆将建在东北角。通往主入口的车行道与前庭院通过园墙与别墅相互分离开来

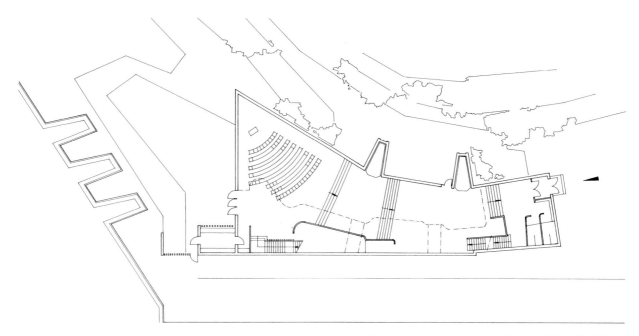

入口层平面图：博物馆入口在右侧，左侧是通向开敞平台的不同出口。展厅依照地形的轮廓而设计，台阶的不同标高表示着可行的不同分区

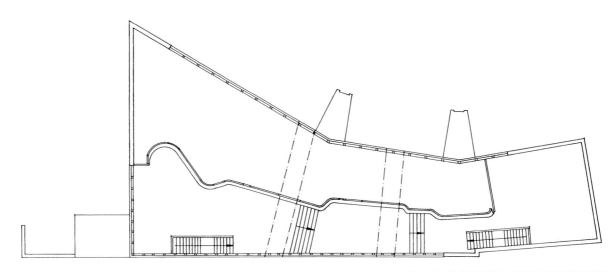

画廊层平面图：画廊也遵循着主要大厅的不同标高。面向主房间的墙是修改后纽约世界博览会芬兰馆墙面的部分重建

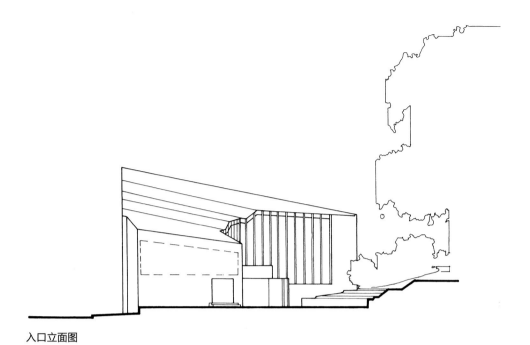

入口立面图

面向附近基地一侧的立面图：左侧是朝向大海的筑堤

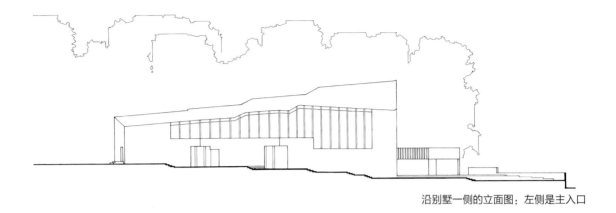

沿别墅一侧的立面图：左侧是主入口

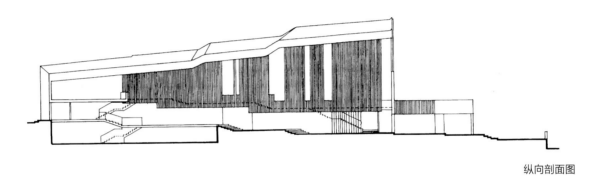

纵向剖面图

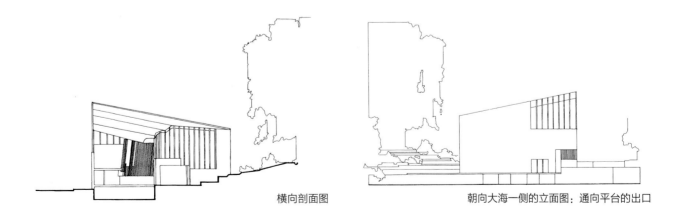

横向剖面图　　　　　　朝向大海一侧的立面图：通向平台的出口

于韦斯屈莱的阿尔瓦·阿尔托博物馆

1971 年设计，1971—1973 年实施

这座建筑坐落在于韦斯屈莱教育大学附近，并紧邻芬兰中部博物馆（第 2 卷）。这两座博物馆构成了城市的文化中心，并行使社会教育的职能。

阿尔瓦·阿尔托博物馆（Alvar Aalto Museum）是由各种社会团体与市立权威机构共同资助建造的。其中容纳着施特拉（Sihtola）的收藏，并且在任何时候都可以举办阿尔托作品的展览。在于韦斯屈莱每年一度的艺术节中它也可以用于临时流动展览。

博物馆基地位于一处陡峭的斜坡上，其上种植着高大的树木，地块内横亘着一条奔流的小溪。山谷在东南方向敞开，朝向于韦斯湖（Jyväs Lake）。

小溪，在与室外餐厅相连的部分，被拓宽形成有瀑布的水塘，这样就构成了与芬兰中博物馆的视觉联系。

这类博物馆并不是增加城市声望的主要文化机构，但是这种博物馆的设计以其谦逊的方式为满足每日的文化需要提供了讨论的场所，而不需要大规模的资金支持。

入口一侧外立面实景：可以看到入口是在一片无窗的墙面上。外墙的表面是由平面的、半圆的白色瓷砖组合而成。框架混凝土基础的墙面粉刷成白色。天窗覆盖以铜皮表面

芬兰中部博物馆一侧的外立面

入口层平面图：在这层平面上，可以发现，直接临近入口大厅的是两间行政管理办公室、小报告厅与自助餐厅，餐厅有着连通花园的出入口。从储藏室、修复工作室与摄影工作的暗房有一条坡道向上通往展览层以及服务门厅

展览层平面图：在展览大厅的旁边还有一间小的管理者公寓与可供出租的工作室。非矩形的平面有着倾斜的结构系统可以同时举办不同的展览，而不至于相互干扰。可以创造独立的展览区域。室内只有两部分是永久固定的；其余的区域可以通过可移动的墙自由划分。只有在面向花园与芬兰中部博物馆的墙面上装有窗户

室内实景：看向木制格栅墙面。它将非常
高的空间划分成不同的区域，并且因为自
由的设计与倾斜的位置，有趣地将体量联
结成为一个整体

室内墙面的细部：由不同宽度的杉木板与模板制成的直立支撑组合而成

阿尔托全部作品展览开幕式时的室内场景：墙面、天花板与地面都是白色，唯一的"彩色"元素来自端部墙面上的天然木材

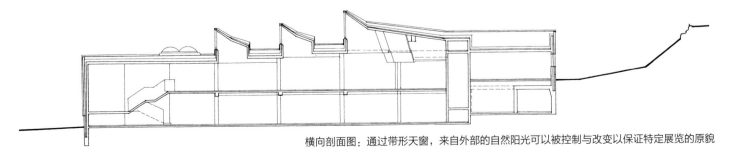

横向剖面图：通过带形天窗，来自外部的自然阳光可以被控制与改变以保证特定展览的原貌

161

科科拉市立图书馆

1966 年设计

在最初的规划里，只有这座科科拉市立图书馆（Municipal Library in Kokkola）将会矗立在那块基地上，以都市化功能的立场来看这并不是十分正确的。这样，图书馆最终将会成为众多其他建筑中的一座，而这将会消减其在城市文化生活中的重要性。为了在城市中创造一个文化中心，提议沿市立图书馆建造小尺度的多功能剧院以及水上公共花园。

由此引发的讨论表明这个提议是正确的，但是因为各种原因，这块基地将不再适于建造剧院。整个方案被无限期地推迟了。

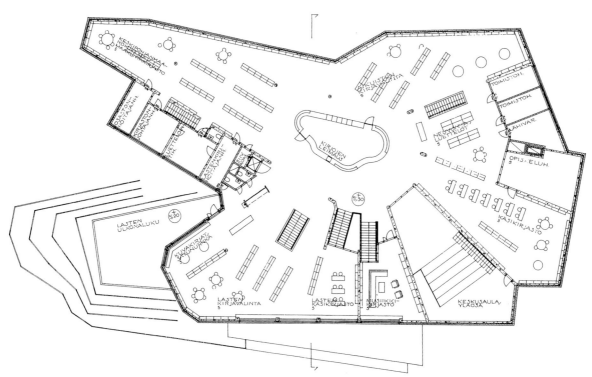

一层图书馆主房间的平面图：借还处位于房间的中央，从那里开始各个部分在放射状的平面上扩展出去。自然光通过屋顶上不同设计的天窗进入室内。外墙主要用于容纳书架。可以经由儿童图书馆进入小型的花园平台

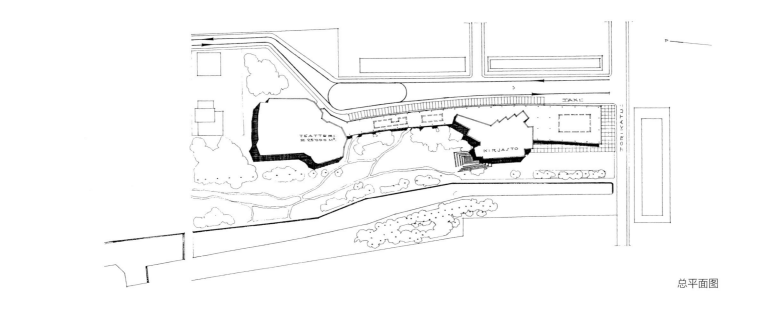

总平面图

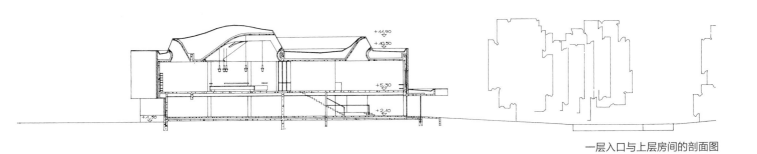

一层入口与上层房间的剖面图

入口立面图：墙面试图由石灰石与特殊的瓷砖组合而成，基础部分是框架混凝土，而屋顶以铜皮覆盖

罗瓦涅米的"拉皮"剧院与无线电大楼

1969—1970 年设计，建造周期：第一阶段 1970—1972 年；第二阶段 1972—1975 年

罗瓦涅米（Rovaniemi）的这座剧院是 1963 年规划的新城镇中心（参照第 2 卷）的继续实施中的一个环节。目前完成的建筑群包括：第一阶段，无线电站与音乐学校——无线电大楼（Radio Building）；第二阶段，增加了多功能剧院——"拉皮"剧院（"Lappia"Theatre）。剧院的设施还可与音乐学院一道用于举办会议。

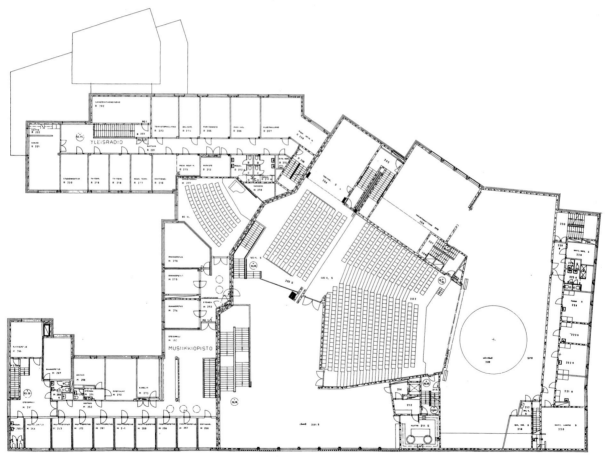

剧院观众层和舞台平面图：左侧是音乐学院及其独唱会用房与无线电站。剧院（可容纳 600 个座席）可以再分割。后面部分的座椅可以移动，将剧院改作其他不同的用途

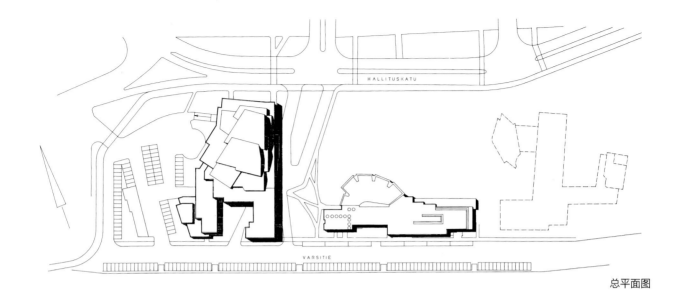

总平面图

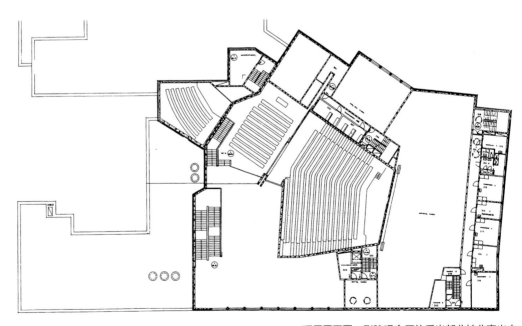

顶层平面图：剧院观众厅的后半部分被分离出去

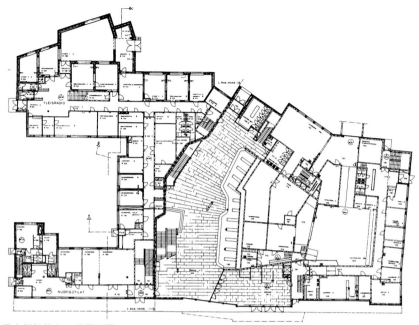

带衣帽间的入口层平面图

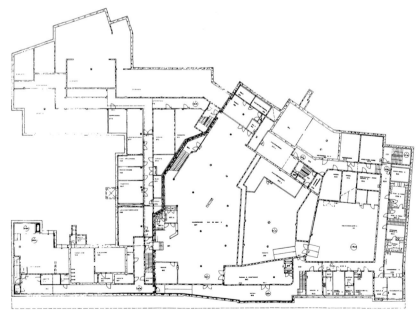

地下层平面图：衣帽间下方的大房间可以用于展览。它有独立的出入口，并向上与入口大厅相联系

入口立面图

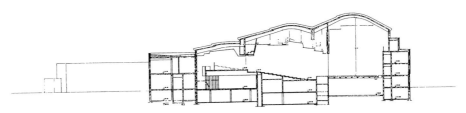

剧院观众厅的剖面图

立面实景（一）：主入口，左侧前景是图书馆（参照第 2 卷）

立面实景（二）：无线电站与剧院屋脊线

立面实景（三）

立面实景（四）

立面实景（五）：入口细部，"波浪形屋顶"的山墙表面是白色的特殊半圆形陶瓷砖。其他的墙表面部分或者是由方形与半圆形陶瓷砖的组合效果，或者是由石灰石砌筑而成

通往顶层休息大厅的
楼梯：地面与楼梯是
灰白色大理石板。墙
表面一部分是深蓝色
的陶瓷砖。天花板上
是被粉刷成白色的木
制格栅

顶层休息大厅

衣帽间与入口大厅

顶层休息大厅楼梯

剧院观众厅（一）

剧院观众厅（二）

威斯康星州斯堪的纳维亚协会文化中心

1974 年设计

美国斯堪的纳维亚协会（Scandinavian Society）准备建造一座"斯堪的纳维亚文化的中西部研究中心"。

文化中心所在的地块位于森林茂密的小山上，有着欣赏溪谷的绝佳视角。

它还被用作娱乐中心，有着自己的度假住宅、网球场、桑拿房、室外观众席与小径。这座一层的建筑中还容纳着多功能观众厅、展厅、图书馆、艺术家工作室与餐厅。

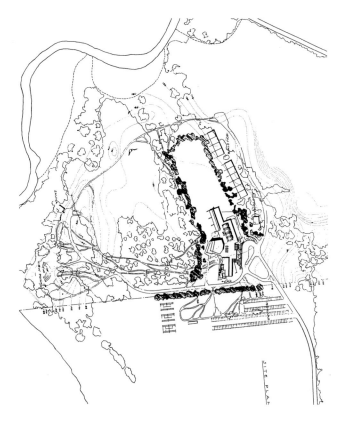

总平面图

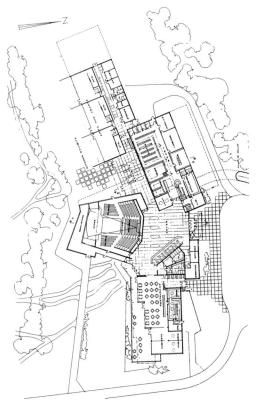

平面图：其中包括多功能观众厅、餐厅、图书馆、展厅一侧与艺术家工作室

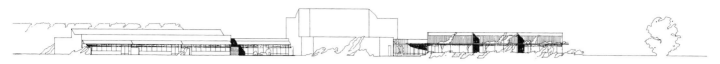

南立面图：艺术家工作室、多功能观众厅、餐厅

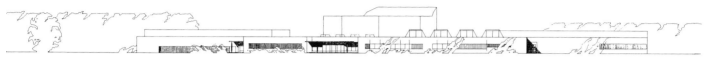

北立面图：主入口，右侧是图书馆

侧立面图（一）

侧立面图（二）

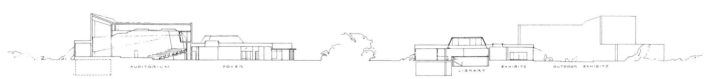

休息厅与入口以及观众厅的剖面图

图书馆与展厅一翼的剖面图

模型：南立面

于韦斯屈莱行政与文化中心

1964、1970、1972 年设计，建造周期：第一阶段 1976—1978 年

在这里所展示的方案构成了在第 2 卷中已经出版的方案的第三个发展阶段。

总体规划概念的基本想法是设计出的形式从建筑的角度来看更加具有个体差异性，包括大型"广场"及其新旧市政厅与剧场。因为市政厅的各种扩建，公共花园在这里变小了。层叠式的楼梯将"广场"与公园联系起来，其设计手法使得后者可以用于不同的公共活动，例如音乐会、庆典以及戏剧演出，警察总部的墙面是特殊的棱纹混凝土形式，满足了公共活动的声学与装饰功能。新建的行政办公楼，附属于老市政厅，可以分不同的阶段实施；以后可以在地下区域实现必要的扩建。

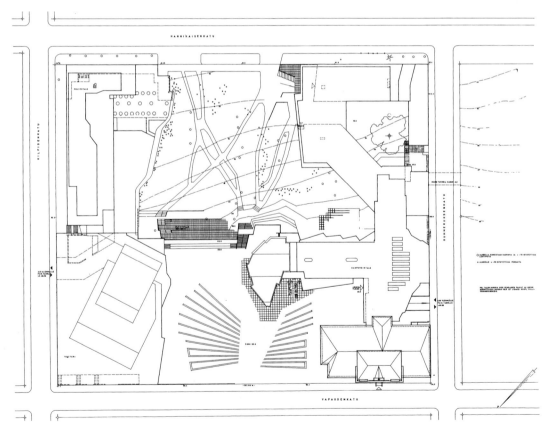

第三发展阶段的总平面图：市立行政办公楼及其空间的扩展计划都包含在详细规划中。剧院仅仅是在功能上与新的总体规划相切合

第一个设计提案的基地模型（参照第 2 卷）

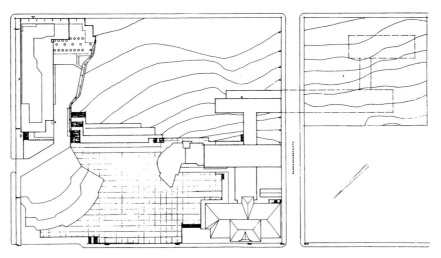

第二个发展阶段的总平面图：值此之际第一建造阶段的警察总部已完工，位于左侧

177

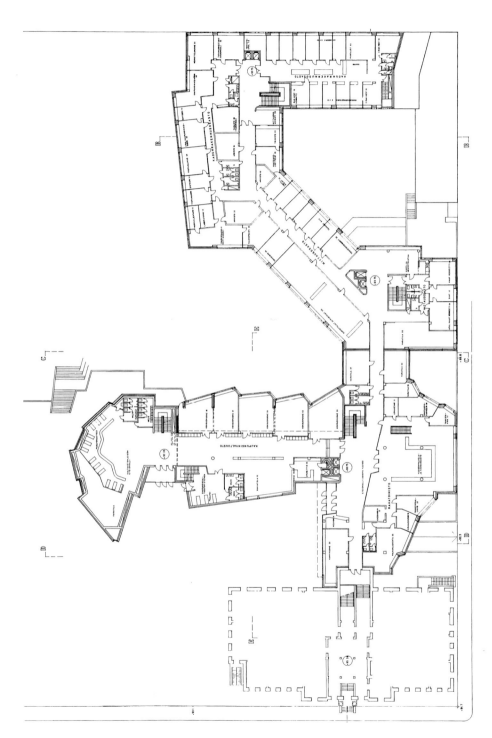

入口层平面图：这个"广场"包括市政务会塔楼与市立行政办公的银行机构。市政务会塔楼也可以在下一阶段建造；它是可以进一步发展的建筑群的组成部分。市政务会塔楼与目前的市立行政办公楼之间的联系包括必要的政务会、协商会与代表团的房间。一个小型的公共餐厅也包含在这个区域。市立行政办公楼被楼梯间划分成三部分，每部分在不同的标高上有着独立的出入口。内部庭院，在各个面上都是封闭的，在最后一部分用作职员的休息区域，与小卖部相联系。老市政厅确切的新功能还没有确定，可以适应各种要求。新的市立行政办公楼仅仅通过楼梯间与老市政厅相连接

模型照片（一）

模型照片（二）

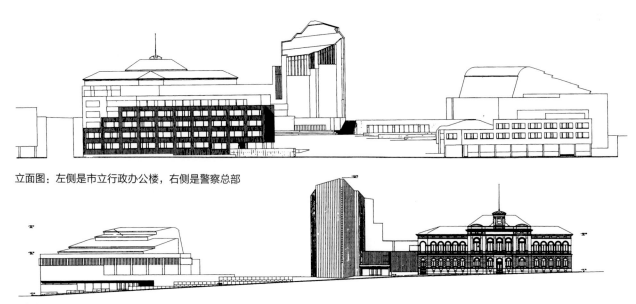

立面图：左侧是市立行政办公楼，右侧是警察总部

面向老市政厅一侧的立面图：新的市政务会塔楼、"广场"与剧院

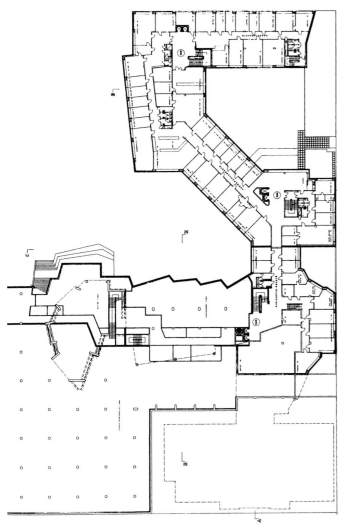

地下层平面图：车库位于"广场"之下，它在白天为市政府所使用，而在夜晚则服务于剧院

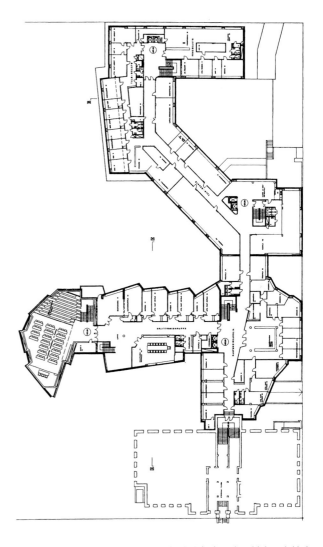

顶层平面图：新的政务会用房及其旁观者楼座

于韦斯屈莱警察总部

1967—1968 年设计，1970 年实施

于韦斯屈莱警察总部（Police Headquarters in Jyväskylä）大楼构成了芬兰中部城市于韦斯屈莱规划的行政与文化中心的第一个建造阶段。

这座警察总部既服务于城市，也服务于地区。

在其中包含着所有必需的部门与办公用房。今后还要建造的建筑有：紧邻的剧院以及对面的市立行政办公楼，都是简洁而谦逊的设计。

仅仅是机动停车场周围的混凝土围墙与内部出入口，在面向内部公共花园的区域，有着特殊的很强雕塑感的形式。

这个设计将会在剧院建成之后开始实施。

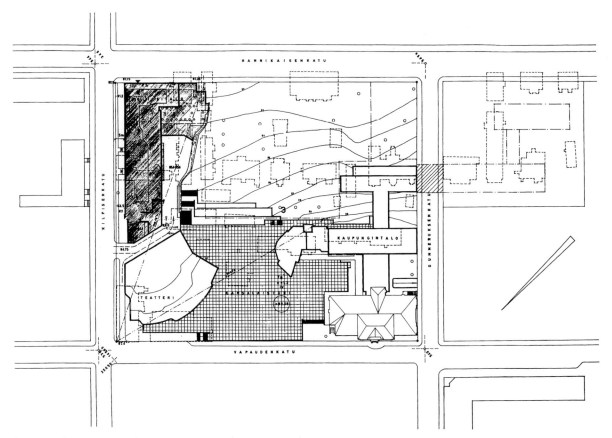

总平面图：总部的入口位于东南侧，沿汉尼凯森（Hannikaisen）大街。内部庭院的入口位于剧场后

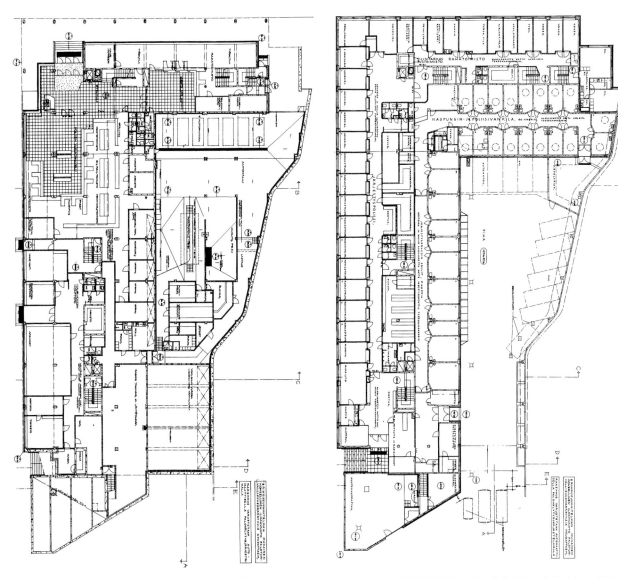

地下一层入口平面图：入口层平面上包含银行设施与服务用房及其独立的出入口

行车道层平面图：其中有停车场、办公室与小审讯室

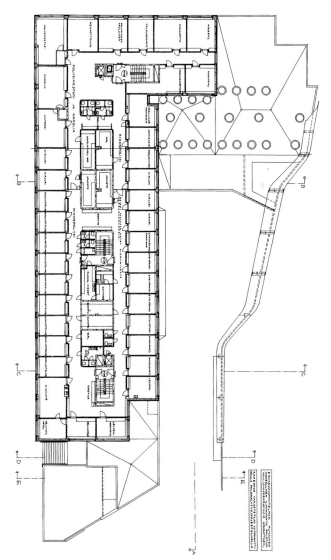

总部的标准层平面图

外立面实景（一）

外立面实景（二）：
特殊形式的混凝土墙
的细部

外立面实景（三）

外立面实景（四）：入口，一部分混凝土墙朝向公共花园

从银行部门内部看向主入口

入口立面图：基础构件与柱子的外保护层都是深灰色花岗岩饰面，墙面是无装饰的石灰砂岩

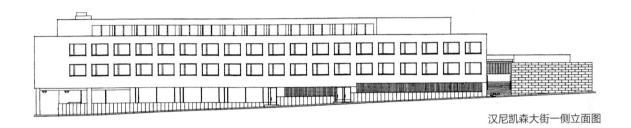

汉尼凯森大街一侧立面图

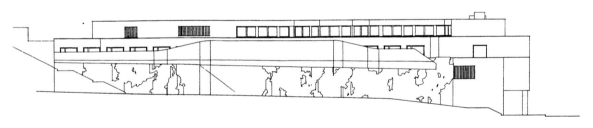

公共花园一侧的立面图：有着特殊形式的混凝土墙

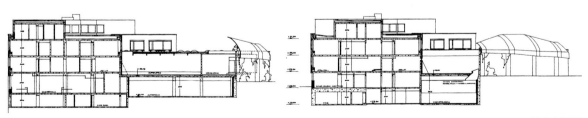

横向剖面图

赫尔辛基新中心

第三个方案 1971—1973 年

1961 年赫尔辛基新中心的第一个方案是在第 1 卷中出版的，而 1964 年的第二个方案则在第 2 卷中出版。1971 年成立了规划委员会，主席是赫尔辛基的市长提奥·奥拉（Tevvo Aura）。第三个方案就是在这种与官方体制的密切接触下精心设计的。第一个方案的基本理念被保留了下来

公路平行于铁路，穿过城市的中心；大型集中式车库位于导向吐罗湖（Lake Töölö）岸的展开的平台之下；沿岸一侧是音乐厅与其他文化设施的广场。第三个方案的新特征是平台顶部邮局总部的扩建，湖面上游的歌剧院与导向奥林匹克体育场的宽大步行平台也是新增加的。

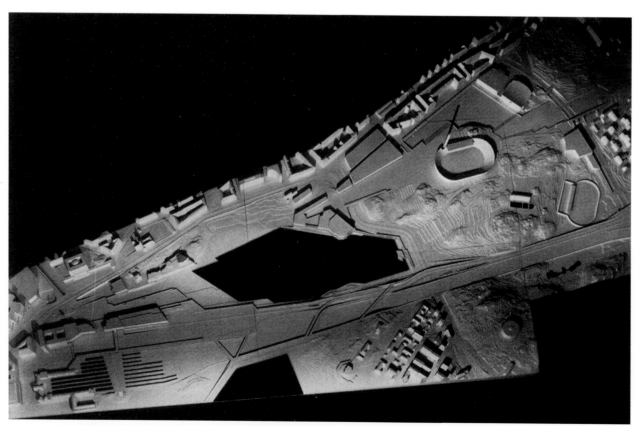

模型（一）：从左侧开始，邮局行政管理办公楼扩建、音乐厅与国会大厦，湖的尽端是歌剧院，它与商品交易展厅及奥林匹克体育场之间有步行的联系。在国会大厦与歌剧院之间的湖岸上，还可以建造其他的文化设施。从城市边缘到市中心有着畅通无阻的步行系统

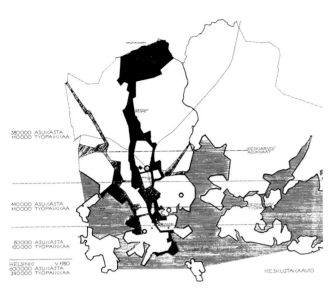

赫尔辛基区域的指导性规划图：到 1980 年人口估计为 600 000，
340 000 个工作岗位

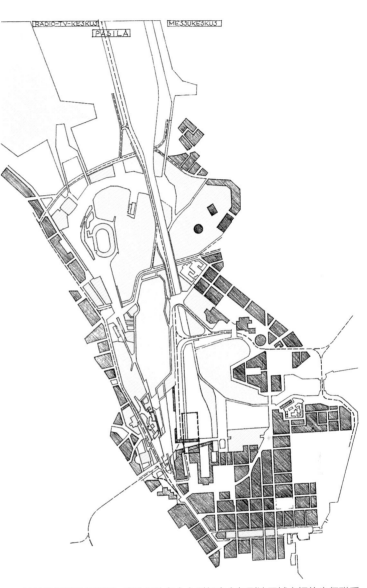

地块的指导性规划图：表达了从老中心到新中心与到该区域之间的步行联系。
表达了娱乐与体育区域、沿湖区域与公共建筑

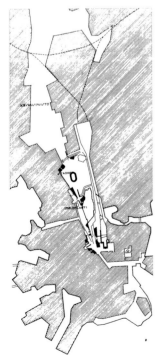

海边的老市中心与吐罗湖边
新市中心的指导性规划图

市中心的第二个和第三个方案：在主火车站的左侧，是位于平台顶部规划扩建的邮局行政办公楼，在平台端部左侧，是已建成的音乐厅与国会大厦，在湖的尽端，是歌剧院及其直接通向奥林匹克体育场与商品交易大厅的步行通

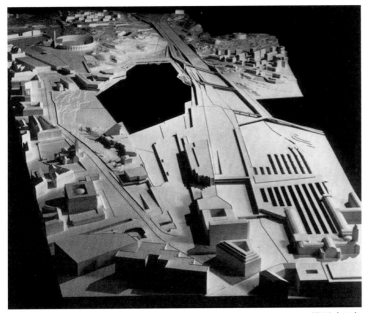

模型（二）

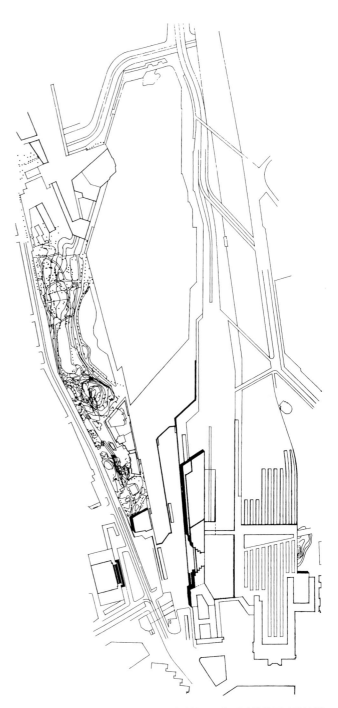

吐罗湖周边区域有已经建成的公园与重建的歌剧院防波堤

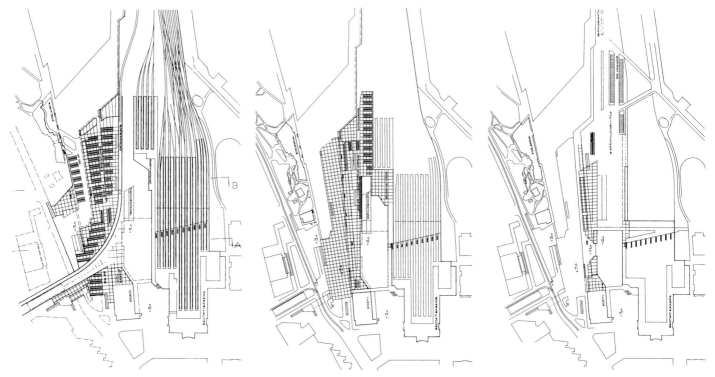

平台三个不同标高的平面图：其中包括集中停车场、邮局扩建以及与主火车站的步行联系

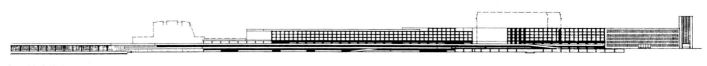

邮局扩建的立面图

音乐厅与歌剧院的立面图

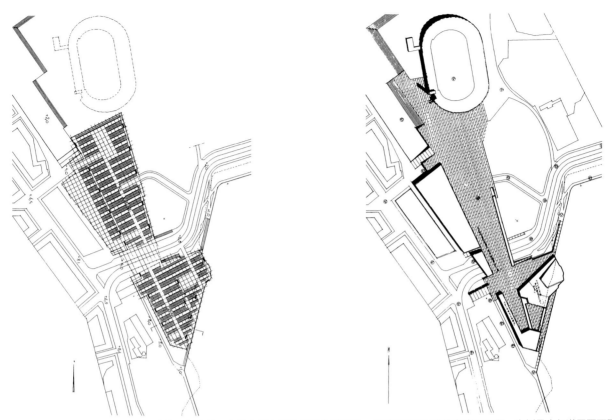

歌剧院、商品交易厅扩建以及与奥林匹克体育场之间的联系的平面图。左侧是街道标高的车库平面图，右侧是步行道层平面图

模型（三）：右侧是主火车站，左侧背景是奥林匹克体育场

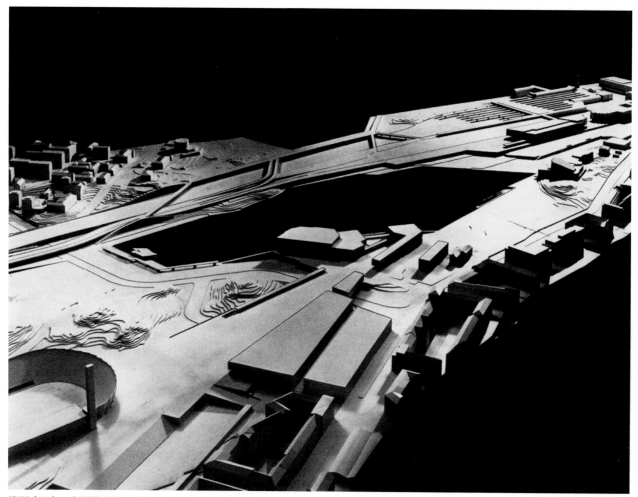

模型（四）：左侧是奥林匹克体育场，右上是主火车站

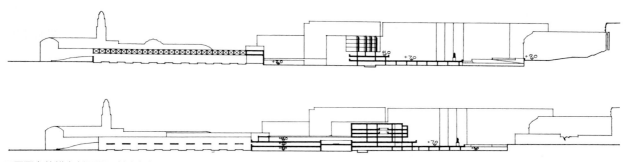

三层平台的横向剖面图：其中包括车库以及与主火车站之间的联系

赫尔辛基"芬兰颂"音乐厅与会堂

1962、1970 年设计，建造周期：1967—1971 年，1973—1975 年

"芬兰颂（Finlandia）"建筑是芬兰新城市中心中的第一个公共设施。关于基地的评价很困难，因为周围将会是什么样子还是未知的。

赫尔辛基目前的中心被货运站占据着，这对于一个首都城市的中心来说是不恰当的。这个货运站一旦被移走，将会是赫尔辛基获得一个新的城市中心的唯一机会。

赫尔辛基有一个古老的城市中心，有议员广场（Senator's Square），如果我们还能够记得在过去的赫尔辛基中多数都是一层的建筑的场景，就会记得它在当时有着很大的建筑成就。

它是一座卫城，并且使得赫尔辛基真正成为国家的首都。但是因为目前政治与社会环境的巨大变化，赫尔辛基必须摆脱降格为省级城市的状况。

"芬兰颂"建筑目前是新城市中心中唯一的公共建筑。如果它可能将赫尔辛基中心的"山谷"发展成为满足城市不断增长的需求的独立单元的话，它在吐罗湾层面上的位置将会十分重要。

曼纳海姆大街（Mannerheim Street），是向北穿越城市的唯一交通要道，它不应该独自决定城市中建筑的高度。通常，考虑不止一方面的因素来建造城市中不同高度的建筑是有益的——这不应仅仅是为了安静与缓解城市中的交通拥堵。在上面所提及的赫尔辛基新城市中心的山谷将会构成一种"内部凹陷"，这就是说，城市将可以从内部欣赏，而不是仅仅表现为由高层建筑所形成的街道的世界。

"芬兰颂"建筑位于保存完好的花园中。一座城市，甚至在它的中心区域都需要绿色。然而，水与地质特征就像小公园中的树木一样重要，这就是说，赫尔辛基岩石的形态也是重要因素。这些因素也融入新建的国会大厦一侧。

货运站一旦被移走，新建筑将会在这块土地上升起，生活将会逐渐渗透到这个区域的不同部分，然而与此同时还必须要保护新城市中心中的自然要素，为城市中的所有居民建立一个和谐的公共区域。

吐罗湾一侧的东立面实景

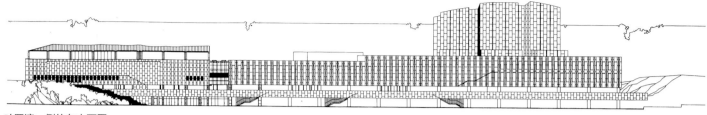

吐罗湾一侧的东立面图

西立面图：主入口，外墙表面是白色的大理石板，矮墙与基础部分是黑色的花岗岩石板。屋顶由铜皮覆盖表面

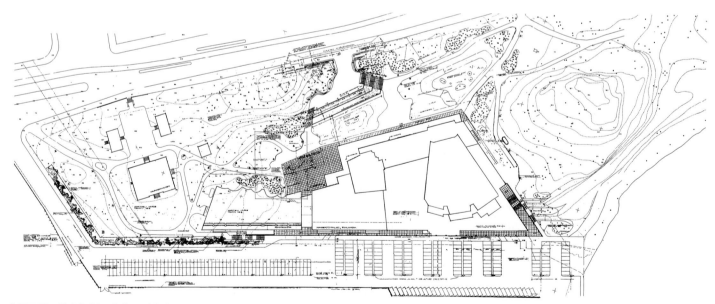

总平面图：停车场以后将位于平台的下方

西立面实景

从水面看向音乐厅

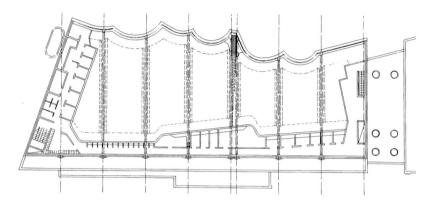

翻译人员用房等的平面图

餐厅入口的立面细部实景

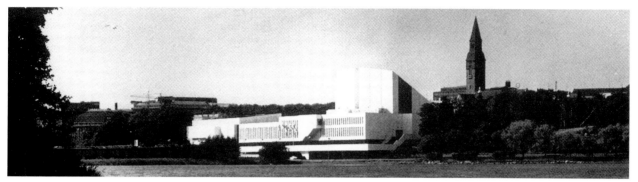

从对岸看向音乐厅

立面细部：大型音乐厅及其抬升的休息室

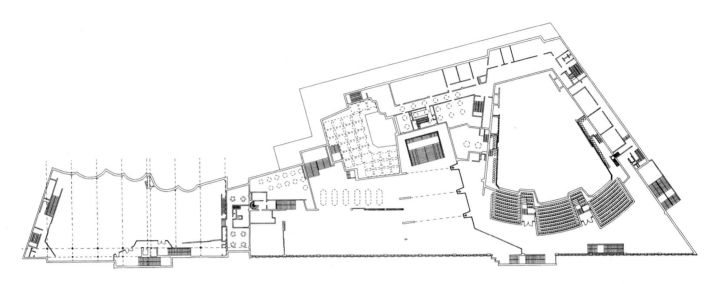

入口层平面图：经由西方之国公园（Hesperia Park）从西侧到达入口。从左到右依次是会议室入口、餐厅入口、室内音乐厅入口与音乐厅入口

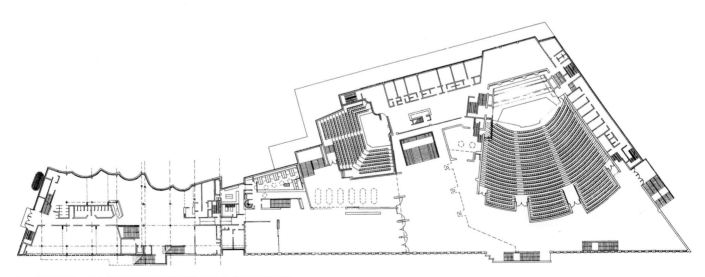

入口层平面图：从东侧开始可以将建筑的底层分成不同的组团

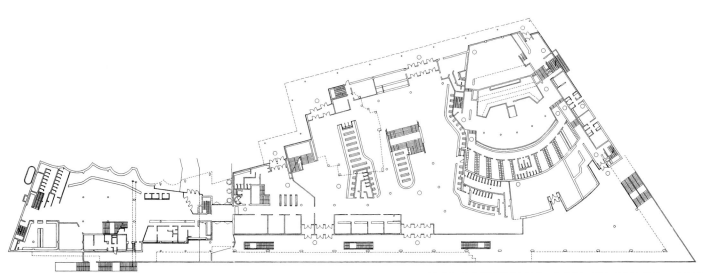

楼座与大会堂层的平面图：大会堂可以在声学上进行再次划分

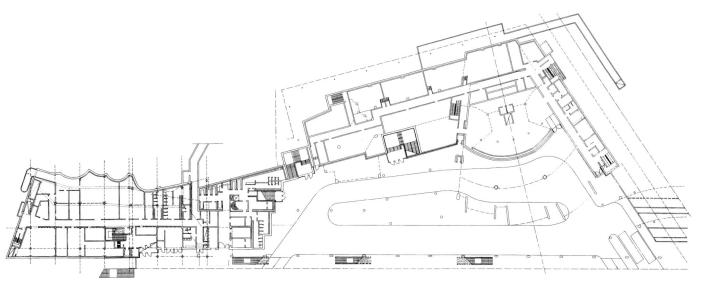

观众厅与会议室层的平面图：这层有各种大型休息厅、一些会议室、餐厅、室内音乐厅与大型音乐厅

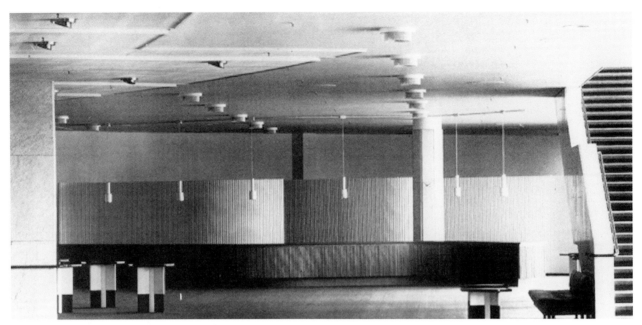

入口大厅及其衣帽间的细部实景

从入口大厅通往音乐厅休息廊的楼梯；看向楼座休息厅。墙表面一部分是白色大理石或是粉刷。天花板是框架混凝土粉刷成白色，地面是蓝灰色满铺的地毯。在墙面上有着不同的木制格栅或者被刷成白色，或者未经处理。主要楼梯上的天花板上覆盖着"帆布"

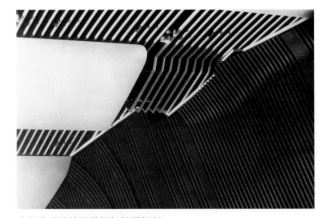

大型音乐厅的天花板与墙面细部

通向楼座休息厅的楼梯　　　　　　　　音乐厅休息廊细部：应用了大面积的采光

音乐厅休息廊：背景是两个抬升起来的楼座休息厅

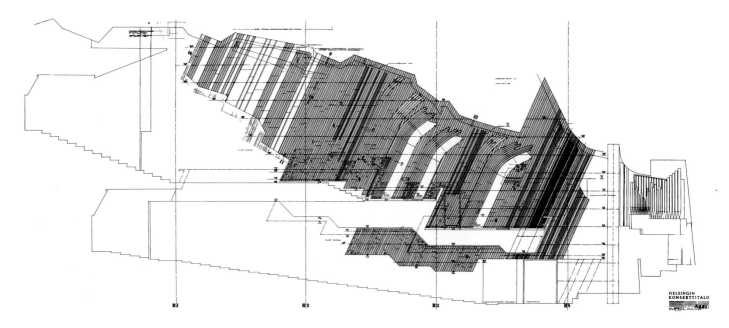

大型音乐厅内墙上刷成深蓝色的木艺部分草图（一）

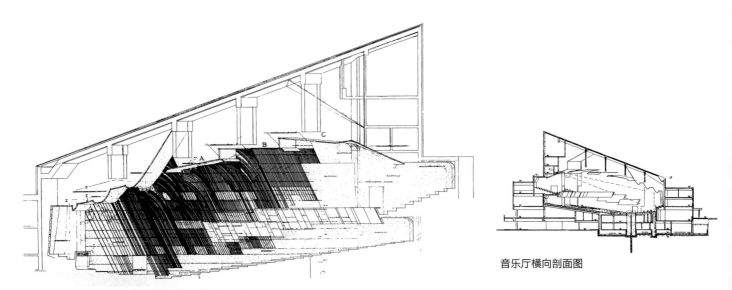

大型音乐厅内墙上刷成深蓝色的木艺部分草图（二）

音乐厅横向剖面图

大型音乐厅内墙上刷成深蓝色的木艺部分实景

大型音乐厅可容纳 1750 个座席

室内音乐厅可容纳 350 个座席

室内乐音厅细部实景：天然的色彩，可移动的木质构件悬挂在天花板上。墙面被刷成白色，其上只有白色的木制格栅构架。座椅包裹以深红色的织物

会堂外立面和细部：会堂部分构成了独立的单元，在二期建造阶段加建在音乐厅上，但是在特殊的场合两部分可以组合在一起

会堂部分西立面实景

东立面细部实景

会堂层细部：容纳 300 个座席的大型会堂可以通过隔声板进行再次划分。翻译人员的房间在后墙抬起的标高上。他们要求能够直接看到大会堂。另外还提供了投影与新闻记者的房间

会议层休息厅实景（一）：其大小可以通过隔断进行改变。一部分可以封闭起来用作会议室。有走廊与音乐厅建筑中的餐厅相联系

会议层休息厅实景（二）

会议层休息厅楼梯

西立面上宽大的条形窗、座席和讲台

西立面上宽大的条形窗的细部

椅子与灯饰

"⋯⋯一盏灯与一把椅子永远都是环境的一部分。通常是像这样的：当进行一座公共建筑的建造时，我注意到这些家具与器具对于创造一个整体的设计来说是必要的，因此我设计它们。后来它们也可以适应其他环境的事实则是另一段故事。"阿尔托说。

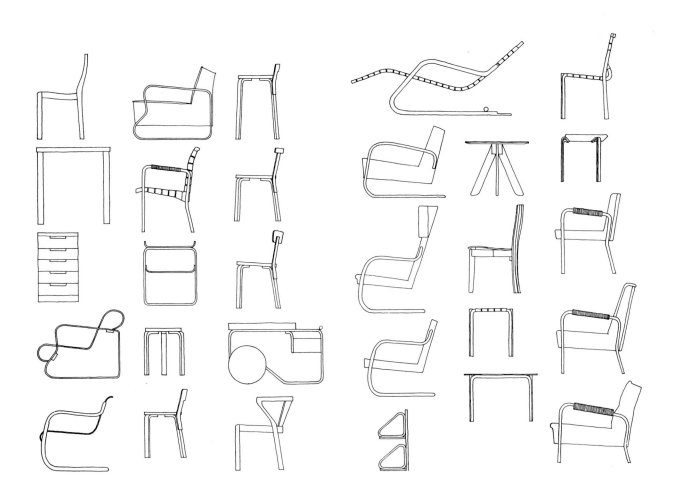

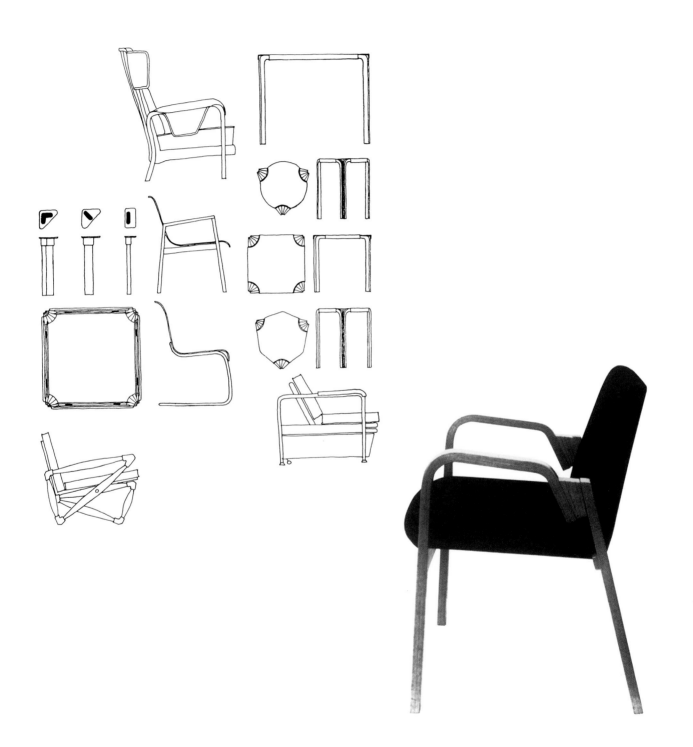

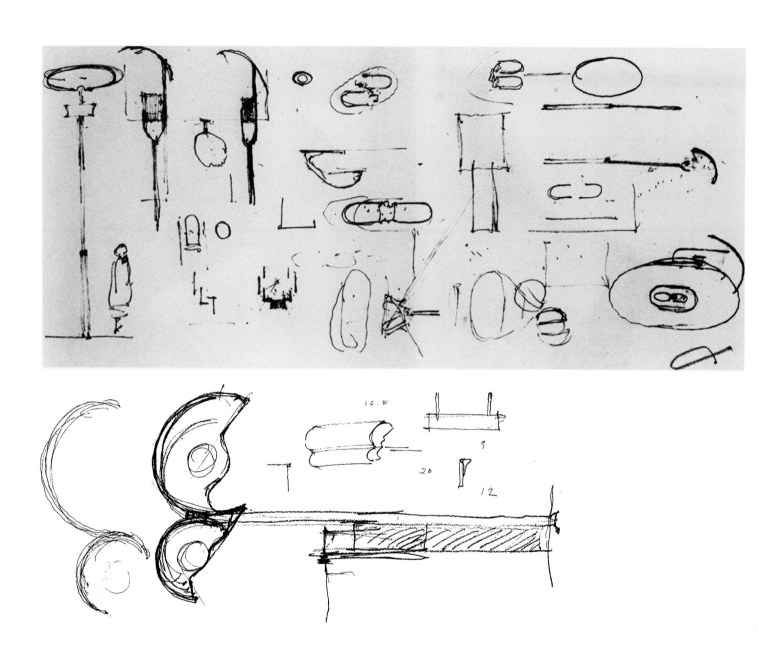

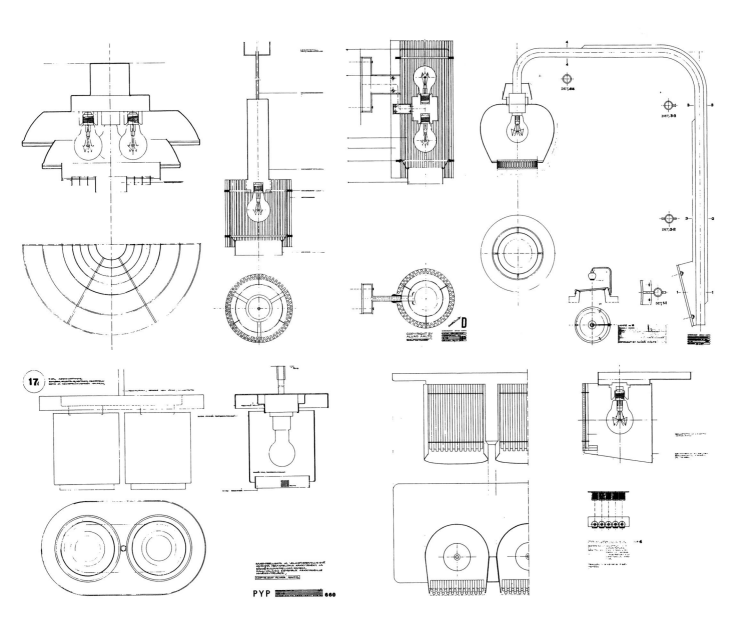

阿尔瓦·阿尔托访谈

这篇访谈基于 1972 年 7 月芬兰电视台录制的戈兰·施德特博士同阿尔瓦·阿尔托的对话。原始母带已经无迹可寻，既没有公诸于众，也没有以文字的形式出版发行。在录音带被归档之前，戈兰·施德特博士将对话内容记录下来，使其日后得以发表。这里收录的是删节版本。

——卡尔·弗雷格

施德特：当代建筑学的语汇部分地建立在新材料之上。它们提供了无法预知的建造可能性，时刻触发我们全新的感官知觉。

阿尔托：在选择何种建筑材料为我所用方面，我完全不受拘束。但我首先要求它已被证实其作为建筑材料的用途。必须回避使用尚未完全成熟的材料，因为建筑需要经受时间考验。在随意丢弃的物件和人们筚路蓝缕塑造的人工环境之间，存在着根本的不同。

施德特：您曾用大理石、青铜、黏土砖和木材来塑造您的建筑。

阿尔托：我曾采用各种各样的材料，因为不同的设计任务要求我这么做。为了做到这一点，人们切记不要成为某种理论的奴隶。我毋宁从更宏观的角度考察问题，主张建筑学服务于人类。这样一来，建筑材料应用于设计的过程，则成为一种人性化的元素。在此过程中，材料与建造之间已被遗忘的本质关联得到关注。谈到"人性化"，我的意思是说，建造的动机有助于建筑师对材料做出正确的选择。在人类和特定建筑材料之间，确实存在着某种关联。建筑师务必驾驭材料，使其在感情上同人类相调和，而不

至于激起使用者的不快。建筑千万不能对人们正常的生活与工作造成消极的影响。在这一点上我不想做更多的说明；因为我已经为不同的建筑选择了各种各样不同的材料，它们准确无误地说明了我的态度。

施德特：您曾说过，廉价的建筑随着时间的推移可以变得昂贵起来。

阿尔托：衡量建筑价值的标准，与其他很多事物（如生活消费品）之间存在很大差别。问题并不在于建筑在建成的一天价值几何，而在于 50 年以后价值多少。选用廉价材料和构造方法所节省下来的资金，可以被后续使用中无穷无尽的麻烦成倍抵消。常常由于资金的短缺，这一"50年目标"无法实现。几年前，一群美国人和包豪斯遗老坚称房屋的寿命不能超过 15 年，这样，它就必须不断得到翻新，以应付生活状态的变迁。但是，如此短视的乌托邦观念不再得到认同。它浪费了大量的建筑材料、人力和金钱，用于建造仅有 15 年年限的建筑之上，实在是得不偿失。尤其是当我们在考虑诸如公共建筑这样具有特殊重要性的项目时，就更不能满足于需要不断维护的建造方式。

施德特：确切地说，经济上的可行性也要根据建设量酌情考虑。

阿尔托：从建设的角度来看，最廉价的方式莫过于在每个房间中都塞满 10 个人，但人们最后必将为之付出高昂的代价。长远来看，公共部门势必要为糟糕的环境配置付出大量的金钱以去弥补错误，包括健康恶化、社会适应能力缺失、工作效率低下等负面的因素。最大的善举莫过于赋予人们营造和谐的机会，哪怕仅从经济性的观点出发，

这也是无懈可击的观点。

施德特：您曾说艺术——在您的领域里就是建筑——是无休止的斗争。

阿尔托：可以说，建筑不但是斗争，而且是比奥斯特里茨战役（Battle of Austerlitz）更加波谲云诡的斗争，因为它是在多条战线上同时展开。对建筑师而言，主要的对手自然要数建筑投机商。他们比其他各种各样的投机家都更危险。如果某个食品工业的投机家用次品代替优等品投入市场，公共卫生部门的权威机构就会介入，不合格的产品就会从市场上消失。可是，一座次品建筑却可以在城市中存在很久很久。

施德特：人类的急功近利是否可以看作建筑师的另一个敌人？

阿尔托：那只是问题的表层。它往往取决于经济环境；人们受环境所制，不自觉地忽略很多消极因素，这也是正常的情况。通盘地看，问题如此之复杂，非建立一种恰当可行的应对机制不可。

施德特：也许首先需要对社会进行分析？没有任何事物，比当今方兴未艾的民主化进程对建筑学造成的影响更大。

阿尔托：这也是个棘手的问题。以工业化生产为手段的民主导向的房屋政策很容易导致大量徒劳的简单重复。相对而言，人们如今可以支配比当年生活在贫民窟的时候更多的房屋使用面积，但无节制造尽可能多的居住单元投放市场也带来了规模生产的负面因素。最后我们再一次沦入贫民窟中，只不过这次是心理上的。

施德特：是否存在一种中间路线，能够消除工业化产品的单调均一，将集体主义和个人主义合理调和？

阿尔托：理论上存在这样的可能，因为并非标准化本身造成了这种简单重复的后果，而是对标准化的误用使然。

我们的目标，应着眼于发现一种途径，它本身是标准化的，但决不会将一种固定的模式强加于人类生活，相反，它会将多元化的发展潜力注入生活当中。举些我个人职业生涯中的创造性例子——例如圆形砖、可变形台阶、旋转铰链，等等——目标是实现一种富有弹性的标准化。在这个方向上存在相当充裕的可能空间，但它会消耗大量的时间。这种创造性的劳动之所以少之又少，倒不仅仅是因为投机家摒弃任何看起来无价值的投资。一个更严重的阻碍，就是僵化教条的建筑规范。它们的出发点无疑是好的，但它们常常是阻碍弹性标准化机制的罪魁祸首。

施德特：当您谈到弹性标准化这个概念的时候，是否意味着您在追求类似自然界本身的品质？

阿尔托：苹果树上的花朵看似具有同一性状，但仔细观察又各不相同。我们应从中悟出建造的道理。

施德特：这些阐述听起来好像政治宣言。百花齐放——请您谈谈您的政治独立性，即不介入任何形式的政治事件。

阿尔托：社会被划分成不同的系统，但我为所有的系统建造房屋。换句话说，我必须将社会看成一个整体。对建筑师来说，仅为一个独立的群体工作是不可能的。为日后的社会进行建造活动，必须持有清晰的社会信条。

施德特：每次进行设计，您从一开始就意识到建筑所承载的社会责任，这已经成为您的显著标志。我从这一现象中，能够间接体会到您的政治态度。而且在社群中，您具备显而易见的反省能力，以及某种类型的利己主义姿态。

阿尔托：是的，那还用说。生活在社群中，利己主义无疑是一种过于偏颇的姿态。每个人都必须为生存而进行斗争，但假如为了自己的满足忽略旁人的利益就有些过份了。社会是一个容器，其中包含不同的利益群体、不同的行业协会和政治党派，等等。但是，作为一名建筑师，我不能参与这个游戏。我的个人主义毋宁说是人道主义者的超然态度，假如我可以使用这么一个严肃的词汇的话。

施德特： 下一个问题：您对团队合作持何种立场？

阿尔托： 我从未认真考虑过团体协同工作的问题，也就是人们所说的团队合作问题。建筑工作如此复杂，必须借助大量的人手，以使头脑中的概念变成实体。

施德特： 有一次您曾说过，在您的事务所中，工作的过程好比舞台上的管弦交响乐团，在指挥家的指挥下协调演出。

阿尔托： 也许有一个显著的不同：在我们的团队中，指挥家不但挥舞指挥棒，也亲自操刀演奏各种乐器。

施德特： 这样一来，您的个人印记就在建筑细节中处处闪现。即便是家具和各类设施都服从于整体，如同一道降生于世间。

阿尔托： 事实上，它们都作为整体的一个部分，伴随某个特定项目被创造出来。它们从未被视作独立的个体。对于各种各样的"专家"，我从来都抱有些许怀疑的态度。一把椅子、一盏灯具，永远都是整体环境的一个部分。事情总是这样的：在公共建筑项目进行当中，我注意到部件或设施的某种设计手法有益于塑造恰当的整体感，我就把它们设计出来。假如日后它们也能很好地与其他环境相匹配，就是另外一个问题了。

施德特： 这一过程您把它叫作"合成"，您自己的作品恰好是它的一个注解。您常强调说，好的建筑设计不是理性分析的结果。您坚持认为，理性需要和一系列依靠直觉捕捉的愿望联系在一起，必然促成一种非理性的全局解决方案，即实践上的"合成"过程。

阿尔托： 直觉时而表现出理性的特征，足以令人瞠目结舌。

施德特： 那可能是因为您经常在游戏中捕捉您的概念，以此达到实践上的"合成"过程。

阿尔托： 当我的老朋友、美学和文学史教授约里奥·希因（Yrjö Hirn）谈到艺术的一个基本要素就是游戏，我对此深表赞同。可是，我的雕塑、我的绘画和我的建筑作品之间的关系并非简化单调，以至于我可以声称：一开始我从事绘画，接着忽然我又做起建筑设计来。事情从来都不是那样的。

施德特： 那么，您是否认为在您的建筑项目当中，美学的因素被夸大了？

阿尔托： 可以说，就我个人而言，艺术是在实践的层面上发生作用。具体建筑项目的实际目的成为我的超然的直觉的出发点；现实主义一直是我的指导原则。我出生在一个工程师家庭。当我还是个孩子的时候，我游戏的所在位于我父亲写字台的下面。那是一张白色的大桌子，他在这里查阅地图，解决各种各样不同的事情。不光是现实的考虑对这些解决方案发生影响，很多更加长远的目标同样发生作用。为了圆满地完成工作任务，我们需要的是"兼收并蓄的现实主义"。正是这种现实主义的倾向，在绝大多数情况下启发着我的想象。

施德特： 描绘地图的经历，一定磨炼了您的空间想象力，使您能够更好地理解基地的形状，将地理环境作为一个整体考虑，是不是这样呢？

阿尔托： 我还没有谈到，每年暑假，我都充当我父亲的助理绘图员。大自然在功能上的协调平衡给了我一个观念，教我思考人类如何对待自己的生存习惯。在您的一本书里，您曾谈到人类在自然界中的活动可以比作活体生物中滋生的癌症。但是，事情也可以不朝那个方向发展。相反，人类可以努力寻找，并最终发现同环境和谐共存的方法，并下定决心修复从前对环境的破坏。

施德特： 如今，这一观点已经人所共知。但是早在战前时代，当您把它看作您的职业信条的时候，它还不是一种普及的观念。是否有某种特定的经历让您意识到环境问题的重要性？

阿尔托： 并非如此。也许原因只是在我年轻的时候，我曾听说人类同环境之间两面性的关系：也可以是有效的回应、积极的促进，也可以是不当的利用、消极的破坏。那张白色的桌子教会我如何灵活地同自然打交道，人类必须如何锻炼自己的教养、如何谨慎地对待环境，而且在此过程中不能牺牲科学技术所带来的进步。

施德特： 这么说，你相信技术的危险可以在技术的帮助下得到预防和消除？

阿尔托： 或多或少，的确如此。

施德特： 很不幸，我们的工业社会看起来尚未做好充分的准备，愿意用充分的教养和谨慎的态度对待人类生活。人类的生存条件日益非人。特别是弱势群体，也就是你所说的"小人物"，日益陷于水深火热之中。

阿尔托： 在某种程度上，情况正如你所言。可是，也许只有技术、而不是其他的任何东西，可以充当重要的工具来解决社会问题、改善生存质量，造福于弱势群体。

最重要的，是我们能够坚持我们的主张，创造出和谐的社会环境，尽可能完善我们的社会制度。客观上讲，完全意义上的成功是不现实的，但我们必须时刻努力。

施德特： 您是否认为，"拯救"一个像芬兰这样规模的小国相对容易，而对于像中国、美国这样的大国来说，事情就没有这么简单了呢？

阿尔托： 我不愿意使用像"拯救"这样的词汇，因为无论在何种社会环境中，生命的过程都必然包含好的方面，同时也包含坏的方面。鉴于不同国家采用不同的组织方式，问题在大的国家还是在小的国家更容易解决不能以偏概全，这才是讨论的关键。而且，谁也不能保证1000年之后世界还是像今天这样划分为不同的国家。只有一点在未

来必然继续存在，那就是不同地区仍将具有不同的性格。

施德特： 您习惯于强调有限尺度的重要性，以及个人在超尺度、蚁群一样的环境中寻找个人位置时感受到的困惑。

阿尔托： 我同意这样的观点：社会决不能无限地扩展下去，城市不应无限地扩大规模。分化成团体、进行区域划分，本来就是人类存在的一个必要的条件。个人隶属于社群，社群又组成更大的单位。个人的福祉有赖于整体的平衡，这又取决于合适的基本单位的尺度。

施德特： 您这个关于有机社会结构的概念，可能为那个古老的问题提供了答案——坚持国族界限，还是拥抱全球化？

阿尔托： 西格弗雷德·吉迪翁（Sigfried Giedion）在他的著作中曾对我进行评价，认为我的典型特征之一就是国际主义。可是，我宁愿在芬兰从事我的事业，也可以这么说——我喜欢为芬兰而建造。这不仅是因为个人感情因素的介入，同时也因为我对这个国家的建筑问题最为熟悉。同时，我认为我是国际化的——但我的观点显然不同于那些一味追求国际化，认为这才是唯一正确的方向的人。根植于本土社会环境和自然条件是走向世界的前提，如果忽略了这一点，国际化不过是一句空谈。

就文化而言，芬兰索取远远大于付出。艺术来自域外；来自吕贝克（Lübeck）的祭坛组雕和来自斯德哥尔摩（Stockholm）的坟墓样式对我们的文化具有无法估量的重要意义。那是芬兰文化史上的输入时期。而如今我们已经超越了那个阶段。我认为我本人就是个不折不扣的输出者。

生平简介

父亲：乔汉·亨里克·阿尔托（Johan Henrik Aalto）1869 年出生于瓦纳加（Vanaja），土木工程师，1940 年去世。

母亲：塞尔玛·马蒂尔达·海克斯苔特（Selma Mathilda Hackstedt）生于 1867 年，卒于 1906 年。

父亲再婚：1906 年，阿尔托的父亲与塞尔玛的妹妹结婚。弗洛拉·玛丽亚·海克斯苔特（Flora Maria Hackstedt）生于 1871 年，卒于 1958 年。

姐妹二人都是教师。

1898 年　雨果·阿尔瓦·亨里克·阿尔托（Hugo Alvar Henrik Aalto）1898 年 2 月 3 日出生于芬兰的库奥尔塔内（Kuortane）。

阿尔托上学之前，全家一直住在阿拉雅未（Alajärvi），后迁往于韦斯屈莱（Jyväskylä）。就读学校：于韦斯屈莱高中（High School of Jyväskylä）。

1916 年　高中毕业，进入赫尔辛基理工大学建筑系，导师为乌斯科·尼斯特姆（Usko Nyström）教授和阿马斯·林德格伦（Armas Lindgren）。

1917 年　芬兰宣布独立。阿尔托参加了独立战争。

1921 年　获得建筑学学士学位。进入哥德堡世界博览会工作室（exhibition office of Göteborg）。在芬兰政府奖学金资助下，前往很多波罗的海和斯堪的纳维亚周边国家旅行游历。

1922 年　第一个独立完成的作品：坦佩雷工业展览会（Industrial Exhibition in Tempere）某展览建筑。第一次在建筑学杂志《建筑》（Arkkitehti）上发表文章"过去的动机"（Motives of the Past）。

1923 年　在于韦斯屈莱成立自己的第一个设计事务所。积极参加设计竞赛；在各种竞赛获得奖项，其中包括工人住宅、爱国者协会大楼（Hall of Patriotic Events）。

1924 年　与建筑师爱诺·玛西欧（Aino Marsio）结婚。第一次到意大利北部旅行。

1925 年　女儿乔汉娜（Johanna）出生。

1926 年　位于南波的尼亚湾的爱国者协会大楼落成。阿拉雅未夏季住宅建成。

1927 年　获得芬兰剧院竞赛的第一名。这是一座多功能建筑，位于图尔库（Turku）。阿尔托移居图尔库。获得维堡图书馆竞赛一等奖。

1928 年　儿子哈米尔卡（Hamilkar）出生。

1928—1929 年　帕米欧肺病疗养院（tuberculosis sanatorium at Paimio）设计竞赛一等奖。去丹麦、荷兰和法国旅行。

1929 年　与埃里克·布里格曼（Erik Bryggman）设计"图尔库 700 年"展（"700 years of Turku" exhibition）。古纳·阿斯普朗德（Gunnar Asplund）参观了展览。首次尝试采用胶合板用于家具设计。第一次将这种家具应用在帕米欧肺病疗养院中。在法兰克福参加国际现代建筑协会（Congrès Internationaux d'Architecture Moderne，简称 CIAM）。

1930 年　参与斯德哥尔摩展会，由古纳·阿斯普朗德创始。参加在法兰克福召开的 CIAM 预备会，在布鲁塞尔召开的 CIAM 大会。参加赫尔辛基"最小居住单元"展览，作为挪威建筑师协会的嘉宾，在奥斯陆发表演讲。

1933 年　帕米欧肺病疗养院竣工。迁往赫尔辛基。

在伦敦进行首次大型个人家居家具展，组织者为莫顿·P·山德（Morton P. Shand），赞助者为建筑评论杂志（*Architectural Review*）。参加在雅典举行的 CIAM 大会。会议在游船帕特里斯 2 号（Patris 2）上举行。阿尔托平生仅在此次雅典会议上及返程途中搭乘船只。首次在瑞士苏黎世举办展览。参加米兰三年展（Triennale Exhibition in Milan）——艺术、手工艺和建筑家具展。

1934 年　在赫尔辛基斯特林堡艺术博物馆（Strindberg Art Gallary）举办家居家具展。

参加在斯德哥尔摩里杰瓦尔克斯博物馆举办的标准化公寓展。

1935 年　阿泰克家具公司创立。

1936 年　参加米兰三年展。位于赫尔辛基城外曼基尼米（Munkkiniemi）的住宅兼工作室落成。克尔胡拉玻璃制品竞赛。完成萨伏伊餐厅的室内项目。

1937 年　设计巴黎世界博览会芬兰馆。担任英国皇家建筑师学会会员。

1938 年　在哥本哈根夏洛腾堡（Charlottenburg）举办展览。在奥斯陆举办布鲁克康斯特（Brukskunst Exhibition）展览。第一次前往美国。在纽约现代艺术博物馆举办展览。这次展览演变为全美国的巡回展：先后途径哈佛大学、耶鲁大学、西雅图、旧金山金门桥、旧金山世界博览会。

1939 年　获得法国荣誉骑士勋章。设计纽约世界博览会芬兰馆。第一次参加芬兰普通住宅展。阿尔托担任此次展会的委员会主席。

1940 年　去往美国举办展览，主题为"战争对芬兰的破坏，以及芬兰红十字会"的活动，展会筹得大量资金。

在麻省理工学院主持研究项目。该项目旨在解决战争破坏问题，其主要部分就是研究在芬兰建设"美国城"的可能性。项目由"为了芬兰有限公司（For Finland Inc.）"提供物质资助。在路易斯维尔举办的美国建筑师协会年会上发表演说。从 3 月到 10 月，全家都在美国居住。在耶鲁大学、麻省理工大学以及其他城市举办讲座。

1941 年　在位于苏黎世的瑞士联邦理工大学发表演说。主题为"欧洲的重建"。

1942 年　协助芬兰建筑师协会创办"重建委员会"。在阿尔托的呼吁下，成立"芬兰建筑标准化协会"。

1943 年　同很多芬兰建筑师一起，参与一次旨在评估"战时德国重建问题"的旅行。

1943—1958 年　担任芬兰建筑师协会主席。

1944 年　加入芬兰战后重建委员会。在马尔默（Malmö）举办家居家具展。

1945 年　在荷兰阿姆斯特丹发表题为"芬兰北部重建"的两次演说。

1946 年　在瑞典海德穆拉（Hedemora）举办家具展。接受位于波士顿的麻省理工学院高年级学生宿舍项目委托。

1946—1948年　在美国麻省理工大学担任访问学者。

1947 年　在赫尔辛基艺术博物馆举办展览。在斯德哥尔摩举办展览。获得美国普林斯顿大学名誉博士头衔。到苏黎世参加 CIAM 大会，在苏黎世发表演讲。

1948 年　在哥本哈根工业美术博物馆举办展览。在奥斯陆布鲁克康斯特博物馆举办展览。在苏黎世工艺美术博物馆举办展览。参加在瑞士洛桑举办的世界建筑师大会。

1949 年　妻子爱诺·阿尔托－玛西欧去世。获得赫尔辛基理工大学名誉博士头衔。

1950 年　在赫尔辛基完成第一个设计项目——埃罗

塔加馆（Erottaja Pavilion）。在巴黎美术学院（Ecole des Beaux Arts）举办展览。前往伦敦旅行，并举办多次讲座。在阿姆斯特丹市立现代美术馆（Stedelijk-Museum）举办展览。

1951 年　在西班牙游历并举办巡回讲座。前往摩洛哥旅行。

1952 年　同建筑师爱丽莎·玛基尼米（Elissa Mäkiniemi）结婚。到西西里岛旅行。

1953 年　到希腊旅行。在赫尔辛基举办首次"芬兰建筑"展，阿尔托是此次展览的发起人。

1954 年　在斯德哥尔摩举办"建设性的形式"（Constructive Form）展览。年底，到巴格达旅行考察。获得奥地利艺术家协会荣誉会员头衔。到巴西旅行，担任马特拉佐奖（Matarazzo Prize）的评委。参加巴西建筑师大会。在瑞士的伯尔尼和巴塞尔进行巡回讲座。在阿尔托的提议下，成立芬兰现代建筑博物馆。

1955 年　担任芬兰科学院院士。参加瑞典赫尔辛堡（Hälsingborg）展览会：家居装饰展。担任在米兰举办的坎图家具竞赛（Cantù furniture competition）评委。位于曼基尼米的大型工作室竣工。

1956 年　作为芬兰馆的设计者，前往威尼斯参加第28届双年展。在意大利的米兰、都灵和罗马举办巡回讲座。在瑞士巴塞尔举办家居家具展。

1957 年　在马尔默举办展览和讲座。荣获英国皇家建筑学金质奖章。到伦敦旅行。

1956—1958 年　因为卡雷住宅（Villa Carré）项目需要，屡次前往法国。前往柏林汉莎区参加世界博览会（Interbau）建筑展。前往纽约担任"林肯表演艺术中心"顾问。前往苏黎世担任崔穆利医院（Triemli Hospital）竞赛评审团成员。

1958 年　获得威尼斯美术学院荣誉校友称号。获得芬兰建筑师协会金质奖章。获得柏林美术学会杰出成员称号。前往巴格达旅行。前往意大利那不勒斯旅行。担任城市设计竞赛"首都柏林"的评委。

1960 年　获得位于特隆赫姆（Trondheim）的挪威理工学院名誉博士头衔。前往特隆赫姆。发表题为"当代建筑学和美术学的问题"的演讲。

1960—1975 年　每年前往瑞士。

1961 年　前往美国考察办公建筑：芝加哥、底特律、匹兹堡、纽约。在汉堡发表关于"芬兰建筑学"的演说。公布首个赫尔辛基新中心规划方案。

1962 年　在位于于韦斯屈莱的芬兰中心博物馆举办展览，在于韦斯屈莱夏季文化节上发表演说。在列宁格勒建筑师学会和莫斯科建筑师学会的邀请下前往莫斯科，在两个城市发表演讲。

1963 年　在柏林美术学会举办展览。在汉堡艺术博物馆举办展览。成为以色列国际艺术和科学学会成员。获得苏黎世瑞士联邦工学院荣誉博士头衔。获得美国建筑师协会金质奖章。前往迈阿密参加美国建筑师协会年会。前往墨西哥，在纽约现代艺术博物馆举办的墨西哥展览和墨西哥城国际建筑师论坛上发表演讲。担任芬兰科学院院长。《阿尔瓦·阿尔托全集（第1卷：1922—1962年）》出版。

1964 年　获得米兰理工学院名誉博士头衔。到米兰旅行。获得纽约的哥伦比亚大学名誉博士头衔。到纽约旅行。在苏黎世艺术博物馆举办展览。在德国埃森举办展览。在于韦斯屈莱的文化节上致词。完成赫尔辛基新中心的第二次规划方案。在华盛顿的史密森学会举办展览，直至1966年。作为法国政府的客人去巴黎参加"芬兰建筑"展开幕式。

1965 年　在佛罗伦萨的斯特罗兹宫（Palazzo

Strozzi）举办展览。到佛罗伦萨旅行。成为瑞典乌普萨拉大学的瓦斯塔姆兰－达拉团体（Västmanlands-Dala Nation）的名誉会员。成为秘鲁建筑师学会（Colegio del Arquitetos del Peru）的名誉会员。获得维也纳理工大学名誉博士头衔。获佛罗伦萨城市金奖。奥塔涅米都市化问题的斯堪的纳维亚代表大会致开幕词。

1966 年　获意大利共和国荣誉奖章（Grane Ufficialeal Merito della Repubblica Italiana）。成为芬兰工程师联合会的荣誉会员。获欧洲荣誉金橡树勋章（Diplomas des Palmes d'or du Mrite de l'Europe, Luxemburg）。在巴黎举办"芬兰化形式"家具展览。在赫尔辛基演讲，题为"大赫尔辛基区域规划"。

1967 年　在赫尔辛基艺术博物馆举办展览。获得弗吉尼亚大学托马斯·杰斐逊勋章。前往美国，到达夏洛茨维尔、俄勒冈、旧金山等地。在俄勒冈的天使山修道院发表演说。在位于夏洛茨维尔的弗吉尼亚大学发表演说。在赫尔辛基设立阿尔瓦·阿尔托奖。

1968 年　在奥卢（Oulu）召开的北斯堪的纳维亚2000 研讨会上发表演说。由于斯堪的纳维亚屋竣工，前往雷克雅末克。

1969 年　获得德意志联邦共和国艺术与科学表功勋章（Order of Pour le Mérite），前往波恩。获得于韦斯屈莱大学荣誉博士头衔。在斯德哥尔摩现代艺术馆举办展览。获得美国马克·吐温骑士勋章。到伊朗旅行。在德黑兰和设拉子演讲。

1971—1972 年　统筹斯堪的纳维亚巡回展览（Riksutstallningar），瑞典。《阿尔瓦·阿尔托全集（第2 卷：1963—1970 年）》出版。

1972 年　获富孔（Faucon）金十字勋章，冰岛。阿尔托－阿尔泰克在法国举办巡回展。到巴黎旅行：获

1972 年度建筑学会金质勋章。

1973 年　现代建筑"阿尔瓦·阿尔托－草图"展在芬兰博物馆举行。第三次修订赫尔辛基新中心设计。

1974 年　在芬兰博物馆举办的现代建筑 20 周年庆典中获银质勋章。《阿尔瓦·阿尔托全集（1922—1970 年）》合订简装版出版。

1975 年　获列支敦士登（Liechtenstein）国家艺术基金会授予的西方文明中的杰出建筑师称号。获塔皮奥拉（Tapiola）勋章，芬兰。成为苏格兰的苏格兰皇家学会（Royal Scottish Academy）的荣誉会员。

1976 年　维也纳家具展，5 月 11 日于赫尔辛基去世。

附录

1922—1976 年与阿尔瓦·阿尔托的长期合作者

Ragnar Ypyä, Harald Wildhagen, Erling Bjaertnes, Jonas Cederkreutz, Viljo Rewell, Aarne Ervi, Jarl Jaatinen, Elis Urpola, Björn Cederhvarf, Edvin Laine, Markus Tavio, Olof Stenius, Paul Bernoulli, Aili Pulkka, Otto Murtomaa, Olli Pöyry, Aarne Hytönen, Aino Kallio-Ericsson, Veli Paatela, Kaija Paatela, Keijo Ström, Olavi Tuomisto, Erkki Karvinen, Kristian Gullichsen, Jaakko Kontio, Jaakko Kaikkonen, Olli Penttilä, Walter Kaarisalo, Kaarlo Leppänen, Erkki Luoma, Mauno Kitunen, Marja Pöyry, Marja-Leena Vatara, Per-Mauritz Alander, Matti Itkonen, Hans Chr. Slangus, Heikki Takka, Paavo Mänttäri, Kalevi Hietanen, Ilona Lehtinen, Eric Adlercreutz, Jaakko Suihkonen, Theo Senn, Rainer Ott, Peter Hofmann, Eva Koppel, Nils Koppel, Jean-Jacques Baruël, John Mejling, Elisabeth Sachs, Edi Neuenschwander, Lorenz Moser, Ulrich Stucky, Karl Fleig, Michel Magnin, Marlaine Perrochet, Leonardo Mosso, Enslie Oglesby, Erhard Lorenz, Walter Moser, Walter Ziebold, Andreas Zeller, Federico Marconi, Leif Englund, Lea Punsar, Chandra Patel, Lauri Silvennoinen, Marjatta Kivijärvi, Matti Porkka, Atindra Datta, Vezio Nava, Ulla Markelin, Pirkko Söderman, Mauri Liedenpohja, Sverker Gardberg, Erik Vartiainen, Olli Kari, Pertti Ingervo, Klaus Dunker, Sven-Hakan Hägerström, Heikki Hyytiäinen, Anna-Maija Tarkka, Elmar Kunz, Heimo Paanajärvi, Tore Tallqvist, Hector Amorosi, Jyrki Paasi, Hanspeter Burkart, Markus Ritter, Bruno Erat, Ulrich Ruegg, Sebastian Savander, Kari Hyvärinen, Michele Merchkling, Urs Anner, Ernst Hüsser.

摄影师名单

《阿尔瓦·阿尔托全集（第 1 卷：1922—1962 年）》
Heikki Havas, Helsinki (Villa Carré, Kultuuritalo, Museum Reval, Muuratsalo, Volkspensionsanstalt, Interbau, Vuoksenniska, Jyväskylä, Rautatalo); Heidersberger, Schloß Wolfsburg (Wolfsburg); Hugo P. Herdeg, Zürich (Finnischer Pavillon der Pariser Weltausstellung); H. Iffland, Helsinki (Kleinstwohnung, Paimio); Perti Ingervo, Helsinki (Enso-Gutzeit Oy., Jyväskylä, Vuoksenniska); Kleine-Tebbe, Bremen (Hochhaus Bremen); Pekka Laurila, Helsinki (Villa Carré); Eino Käkinen, Helsinki (Villa Mairea, Rautatalo, Säynätsalo); Kalevi A. Mäkinen, Seinäjoki (Seinäjjoki); Federico Marconi, Udine (Enso-Gutzeit Oy.); Leonardo Mosso, Turin (Atelier); Roos, Helsinki (Kapelle Malm, Sunila); Lisbeth Sachs, Zürich (M.I.T. Dormitory); Ezra Stoller, New York (Pavillon New York); Karl und Helma Toelle, Berlin-Linchterfelde (Interbau); Valokuva Oy., Kolmio (Möbelstudien, Artek, Kuopio, Villa Mairea, Säynätsalo); Gustav Velin, Turku (Turun Sanomat, Bioliothek Viipuri, Paimio).

《阿尔瓦·阿尔托全集（第 2 卷：1963—1970 年）》
Morley Baer, Berkeley; Rolf Dahlström, Helsinki; Karl Freig, Zürich; Robert Gnat, Zürich; Peter Grünert, Zürich; Heikki Havas, Helsinki; H. Heidersberger, Wolfsburg; Holmström, Ekenäs; Kalevi Hujanen OY, Helsinki; Eva und Pertti Ingervo, Helsinki; Perter Kaiser, Zürich; Mikko Karjanoja; Wolf Lücking, Berlin; Mats Wibe Lund, Reykjavik; Kalevi A. Mäkinen, Seinäjoki; Leonardo Mosso, Turin; O. Pfeiffer, Luzern; Pietinen, Seinäjoki; Simo Rista, Helsinki; Matti Saanio, Rovaniemi

《阿尔瓦·阿尔托全集（第 3 卷：方案与最后的建筑）》
P. Auer, Ä. Fethulla, K. Fleig, K. Hakli, T. Hüsser, E. Ilmonen, E. + P. Ingervo, Keystone, H.Laatta, H.Matter, L. Mosso, T. Nousiainen, P. Oksala, M. Perrochet, Pietinen, M. Saanio, P. Torinese, Valokuva Oy, A. Villani & Figli